信盈达技术创新系列图书

基于ARM Cortex－M3的STM32微控制器实战教程

（第2版）

杨余柳　张叶茂　伦砚波　编著

電子工業出版社
Publishing House of Electronics Industry
北京·BEIJING

内容简介

本书讲述了STM32的学习与开发知识，读者从无到有地学习一款芯片，不仅能够掌握学习芯片知识的方法，而且能够对嵌入式模块的开发有所了解。本书主要介绍Cortex-M3系列STM32的工作原理及应用。本书共20章，包括：嵌入式的基本概念；ARM的体系结构；本书所用开发板硬件介绍；系统时钟及汇编；GPIO控制LED实现；UART实验；ADC的应用；定时器的介绍；中断实验；STM32的功能模块及常用协议介绍；μC/OS-II操作系统基础及应用；项目管理及开发流程介绍；KEIL集成开发环境介绍及建立STM32项目模板。

本书面向立志于ARM嵌入式开发的初学者，以及从单片机向ARM处理器转型的工程技术人员。本书可作为高校电子相关专业教材，也可以作为想从事嵌入式开发领域的高校毕业生的自学教材，还可作为目前正在做8/16位单片机开发并且想转做ARM芯片开发的工程师的参考手册。

图书在版编目（CIP）数据

基于ARM Cortex-M3的STM32微控制器实战教程/杨余柳，张叶茂，伦砚波编著.—2版.—北京：电子工业出版社，2017.9
（信盈达技术创新系列图书）
ISBN 978-7-121-32697-4

Ⅰ.①基…　Ⅱ.①杨…②张…③伦…　Ⅲ.①微控制器-系统设计-教材　Ⅳ.①TP332.3

中国版本图书馆CIP数据核字（2017）第225643号

责任编辑：李树林
印　　刷：北京虎彩文化传播有限公司
装　　订：北京虎彩文化传播有限公司
出版发行：电子工业出版社
　　　　　北京市海淀区万寿路173信箱　邮编 100036
开　　本：787×1092　1/16　印张：12.25　字数：315千字
版　　次：2014年9月第1版
　　　　　2017年9月第2版
印　　次：2021年1月第10次印刷
定　　价：35.00元

凡所购买电子工业出版社图书有缺损问题，请向购买书店调换。若书店售缺，请与本社发行部联系，联系及邮购电话：（010）88254888，88258888。

质量投诉请发邮件至zlts@phei.com.cn，盗版侵权举报请发邮件至dbqq@phei.com.cn。

本书咨询和投稿联系方式：（010）88254463，lisl@phei.com.cn。

前言

本书第一版自2014年8月出版后，深受广大嵌入式爱好者和高校师生的喜爱和推崇，已多次重印且销售一空。同时，大家也对本书第一版中存在的不足提出了一些宝贵的意见与建议。另外，深圳信盈达电子有限公司的教研工程师们在教学和实践过程中也发现本书第一版中也有部分内容编排的不太合理。因此，决定对本书第一版进行修订，以满足广大嵌入式爱好者和高校电子相关专业师生的学习需要。

这次修订不仅修改了第一版中发现的各种差错，而且还对描述不够准确、不够严谨的地方进行了修正，特别对CM3核心的部分内容进行了修改与补充，使其更加准确，同时还增加了μC/OS－Ⅱ实时操作系统在STM32上应用的详尽描述。通过修改，力争使本书更加实用，更加有利于读者的动手操作与实践。

在嵌入式产品开发过程中，实时操作系统的应用越来越广泛，而嵌入式实时操作种类又比较繁杂。现在出现的一个局面，就是一些读者想学嵌入式实时操作系统，但是不知道选择哪一种操作系统进行学习。编著者认为，不管哪种嵌入式操作系统，其核心的思想都是互通的，学好一种嵌入式实时操作系统，即使以后工作中用的是另一种，你也会很快掌握的。本书的实时操作系统选择的是μC/OS－Ⅱ，此实时操作系统可谓经典中的经典。在本书中，对μC/OS－Ⅱ的讲解，强调的是应用，跳过了一些烦琐的内部实现方面的内容。

本书主要由杨余柳（深圳信盈达电子有限公司）、张叶茂（南宁职业技术学院机电工程学院）和伦砚波（深圳信盈达电子有限公司）编写。另外，深圳信盈达电子有限公司的李令伟先生、牛乐乐先生、陈志发先生、唐继奎工程师和秦培良工程师也参与了本书的编写，在此表示感谢；感谢广东工贸职业技术学院的老师胡应刊工程师对本书的支持；也感谢电子工业出版社李树林编辑；更感谢那些在阅读本书的过程中发现问题并及时反馈给我们的读者，正是有了你们的支持，我们才有更大的动力和热情去完善本书。

金无足赤，人无完人。本书也难免有待提高的地方，希望广大读者对本书中的不足给予指正，支持我们把本书修改得更加完善与适用。同时，读者可到信盈达网站（www.edu118.com）进行意见反馈与咨询，也可直接发邮件（niusdw@163.com）给我们。

编著者

目录

第1章 ARM和嵌入式系统介绍

1.1 ARM微处理器概述

1.1.1 ARM简介

ARM是Advanced RISC Machines的缩写，它既可以看作一个公司的名字，也可以看作对一类微处理器的通称，还可以认为是一种技术的名字。

1991年ARM公司成立于英国剑桥，主要出售芯片设计技术的授权。ARM公司只设计芯片，而不生产。它将技术授权给世界上许多著名的半导体、软件和OEM厂商，并提供服务。目前，采用ARM技术知识产权（IP）核的微处理器，即我们通常所说的ARM微处理器，已遍及工业控制、消费类电子产品、通信系统、网络系统、无线系统等各类产品市场。基于ARM技术的微处理器应用占据了32位RISC微处理器约75%以上的市场份额，ARM技术正在逐步渗入到我们生活的各个方面。

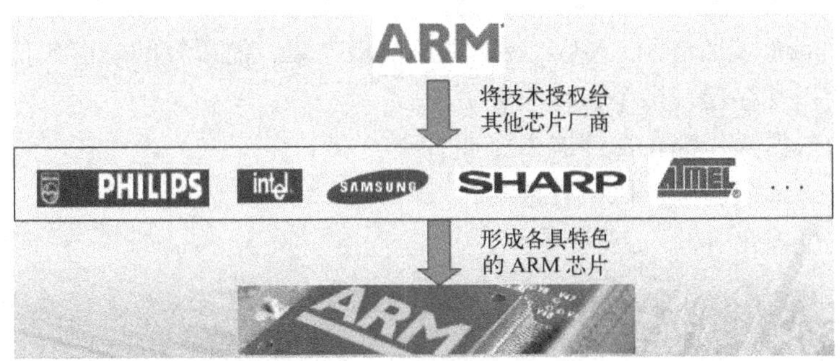

半导体生产商从ARM公司购买其设计的ARM微处理器核，根据各自不同的应用领域，加入适当的外围电路，从而形成自己的ARM微处理器芯片进入市场。目前，全世界有几十家大型半导体公司都使用ARM公司的授权，因此，既使得ARM技术获得更多的第三方工具、制造、软件的支持，又使整个系统成本降低，使产品更容易进入市场被消费者所接受，更具有竞争力。

ARM采用RISC体系结构（Reduced Instruction Set Computer，精简指令集计算机），RISC结构优先选取使用频率最高的简单指令，避免复杂指令；将指令长度固定，指令格式和寻址方式种类减少；以控制逻辑为主，不用或少用微码控制等。

1.1.2 ARM 微处理器的应用领域及特点

1. ARM 微处理器的应用领域

到目前为止，ARM 微处理器及技术的应用几乎已经深入到各个领域。

（1）工业控制领域：基于 ARM 核的微控制器芯片不但占据了高端微控制器市场的大部分市场份额，同时也逐渐向低端微控制器应用领域扩展，ARM 微控制器的低功耗、高性价比，向传统的 8 位/16 位微控制器提出了挑战。

（2）无线通信领域：目前，已有超过 85% 的无线通信设备采用了 ARM 技术，ARM 以其高性能和低成本，在该领域的地位日益巩固。

（3）网络应用：随着宽带技术的推广，采用 ARM 技术的 ADSL 芯片正逐步获得竞争优势。此外，ARM 在语音及视频处理上进行了优化，并获得广泛支持，也对 DSP 的应用领域提出了挑战（实际上还不如 DSP，就像单片机中内部集成了 AD/DA 一样，毕竟不是单独的 AD/DA 芯片）。

（4）消费类电子产品：ARM 技术在目前流行的数字音频播放器、数字机顶盒和游戏机中得到广泛采用。

（5）成像和安全产品：现在流行的数码相机和打印机中绝大部分采用 ARM 技术。手机中的 32 位 SIM 智能卡也采用了 ARM 技术。

除此以外，ARM 微处理器及技术还应用到了许多领域，将来还会得到更加广泛的应用。

2. ARM 微处理器的特点

采用 RISC 架构的 ARM 微处理器一般具有以下特点：

（1）体积小、低功耗、低成本、高性能；

（2）支持 Thumb（16 位）/ARM（32 位）双指令集，能很好的兼容 8 位/16 位器件；

（3）大量使用寄存器，指令执行速度更快；

（4）大多数数据操作都在寄存器中完成；

（5）寻址方式灵活简单，执行效率高；

（6）指令长度固定（32 位或 16 位）。

1.1.3 ARM 微处理器系列

ARM 微处理器目前包括下面几个系列，以及其他厂商基于 ARM 体系结构的处理器，除了具有 ARM 体系结构的共同特点以外，每个系列的 ARM 微处理器都有各自的特点和应用领域。

- ARM7 系列；
- ARM9 系列；
- ARM9E 系列；
- ARM10E 系列；
- SecurCore 系列；
- Inter 的 Xscale；

- Inter 的 StrongARM；
- Cortex－R 系列针对实时系统设计，支持 ARM、Thumb 和 Thumb－2 指令集；
- Cortex－M 系列（2008 年推出）；
- Cortex－A（2008 年推出，Cortex－A8 第一款基于 ARMv7 构架的应用处理器）。

其中，ARM7、ARM9、ARM9E 和 ARM10 为 4 个通用处理器系列，每个系列提供一套相对独特的性能来满足不同应用领域的需求。SecurCore 系列专门为安全要求较高的应用而设计。

以下我们来详细了解一下各种处理器的特点及应用领域。

1. ARM7 微处理器系列

ARM7 微处理器系列为低功耗的 32 位 RISC 处理器，最适合用于对价位和功耗要求较高的消费类应用。ARM7 微处理器系列具有以下特点：

（1）具有嵌入式 ICE－RT 逻辑，调试开发方便；

（2）极低的功耗，适合对功耗要求较高的应用，如便携式产品；

（3）能够提供 0.9MIPS/MHz 的三级流水线结构（MIPS 含义：百万条指令每秒）；

（4）代码密度高并兼容 16 位的 Thumb 指令集；

（5）支持不需要 MMU 的实时操作系统，如 μC/OS、μclinux；

（6）指令系统与 ARM9 系列、ARM9E 系列和 ARM10E 系列兼容，便于用户的产品升级换代。

（7）主频最高可达 130MIPS，高速的运算处理能力能胜任绝大多数的复杂应用。

ARM7 系列微处理器的主要应用领域为：工业控制、Internet 设备、网络和调制解调器设备、移动电话等。

2. ARM9 微处理器系列

ARM9 系列微处理器在高性能和低功耗特性方面提供最佳的性能，具有以下特点：

（1）5 级整数流水线，指令执行效率更高；

（2）提供 1.1MIPS/MHz 的哈佛结构；

（3）支持 32 位 ARM 指令集和 16 位 Thumb 指令集；

（4）支持 32 位的高速 AMBA 总线接口；

（5）全性能的 MMU，支持 Windows CE、Linux、Palm OS 等多种主流嵌入式操作系统；

（6）MPU 支持实时操作系统；

（7）支持数据 Cache 和指令 Cache，具有更高的指令和数据处理能力。

ARM9 系列微处理器主要应用于无线设备、仪器仪表、安全系统、机顶盒、高端打印机、数字照相机和数字摄像机等。ARM9 系列微处理器包含 ARM920T、ARM922T 和 ARM940T 三种类型，以适用于不同的应用场合。

3. ARM Cortex－A8 处理器的介绍

Cortex－A8 是第一款基于 ARMv7 构架的应用处理器。Cortex－A8 也是 ARM 公司有史以来性能最强劲的一款处理器，主频为 600MHz ～ 1GHz。A8 可以满足各种移动设备的需求，其功耗低于300毫瓦，而性能却高达2000MIPS。

Cortex－A8是ARM公司第一款超级标量处理器。在该处理器的设计当中，采用了新的技术以提高代码效率和性能。Cortex－A8采用了专门针对多媒体和信号处理的NEON技术，同时，还采用了Jazelle RCT技术，能够支持JAVA程序的预编译与实时编译。

针对Cortex－A8，ARM公司专门提供了新的函数库（Artisan Advantage－CE）。新的库函数可以有效提高异常处理的速度并降低功耗。同时，新的库函数还提供了高级内存泄漏控制机制。

在结构特性方面Cortex－A8采用了复杂的流水线构架。

（1）顺序执行，同步执行的超标量处理器内核：

13级主流水线；

10级NEON多媒体流水线；

专用的L2缓存；

基于执行记录的跳转预判。

（2）针对强调功耗的应用，Cortex－A8采用了一个优化的装载/存储流水线，可以提供2 DMIPS/MHz功能。

（3）采用ARMv7构架：

支持THUMB－2，提供了更高的性能，改善了功耗和代码效率；

支持NEON信号处理，增强了多媒体处理能力；

采用了新的Jazelle RCT技术，增强了对JAVA的支持；

采用了TrustZone技术，增强了安全性能。

（4）集成了L2缓存：

编译时，可以把缓存当作标准的RAM进行处理；

缓存大小可以灵活配置；

缓存的访问延迟可以编程控制。

（5）优化的L1缓存，可以提高访问存储速度，并降低功耗。

（6）动态跳转预判：

基于跳转目的和执行记录的预判；

提供高达95%的准确性；

提供重放机制，有效降低了预判错误带来的性能损失。

4. Cortex－M3

Cortex－M3是一个32位的内核，在传统的单片机领域中，它有一些不同于通用32位CPU应用的要求。例如，在工控领域，用户要求具有更快的中断速度，Cortex－M3采用了Tail－Chaining中断技术，完全基于硬件进行中断处理，最多可减少12个时钟周期数，在实际应用中可减少70%的中断（这里不是中断响应时间）。

单片机的另一个特点是调试工具非常便宜，不像ARM的仿真器动辄几千上万元。针对这个特点，Cortex－M3采用了新型的单线调试（Single Wire）技术，专门拿出一个引脚来做调试，从而节约了大笔的调试工具费用。同时，Cortex－M3中还集成了大部分控制器，这样工程师可以直接在MCU外连接Flash，从而降低了设计难度和应用障碍。ARM Cortex－M3

处理器结合了多种突破性技术，令芯片供应商提供超低费用的芯片，仅 33000 门的内核性能可达 1.2DMIPS/MHz。该处理器还集成了许多紧耦合系统外设，令系统能满足下一代产品的控制需求。

Cortex 的优势在于低功耗、低成本、高性能三者（或两者）的结合。关于编程模式 Cortex - M3 处理器采用 ARMv7 - M 架构，它包括所有的 16 位 Thumb 指令集和基本的 32 位 Thumb - 2 指令集架构，Cortex - M3 处理器不能执行 ARM 指令集。Thumb - 2 在 Thumb 指令集架构（ISA）上进行了大量的改进，它与 Thumb 相比，具有更高的代码密度并提供 16/32 位指令的更高性能。

1.1.4　ARM 微处理器结构

1. RISC 体系结构

传统的 CISC（Complex Instruction Set Computer，复杂指令集计算机）结构有其固有的缺点，即随着计算机技术的发展而不断引入新的复杂的指令集，为支持这些新增的指令，计算机的体系结构会越来越复杂，然而，在 CISC 指令集的各种指令中，其使用频率却相差悬殊，大约有 20% 的指令会被反复使用，占整个程序代码的 80% 。而余下的 80% 的指令却不经常使用，在程序设计中只占 20% ，显然，这种结构是不合理的。

基于以上的不合理性，1979 年美国加州大学伯克利分校提出了 RISC（Reduced Instruction Set Computer，精简指令集计算机）的概念，RISC 并非只是简单地减少指令，而是把着眼点放在了如何使计算机的结构更加简单合理地提高运算速度上。RISC 结构优先选取使用频率最高的简单指令，避免复杂指令；将指令长度固定，指令格式和寻址方式种类减少；以控制逻辑为主，不用或少用微码控制等措施来达到上述目的。到目前为止，RISC 体系结构还没有严格的定义，一般认为，RISC 体系结构应具有以下特点：

（1）采用固定长度的指令格式，指令归整、简单，基本寻址方式有 2 ～ 3 种。

（2）使用单周期指令，便于流水线操作执行。

（3）大量使用寄存器，数据处理指令只对寄存器进行操作，只有加载/存储指令可以访问存储器，以提高指令的执行效率。除此以外，ARM 体系结构还采用了一些特别的技术，在保证高性能的前提下尽量缩小芯片的面积，并降低功耗：所有的指令都可以根据前面的执行结果，来决定是否被执行（条件执行），从而提高指令的执行效率。

（4）可用加载/存储指令批量传输数据，以提高数据的传输效率。

（5）可在一条数据处理指令中，同时完成逻辑处理和移位处理。

（6）在循环处理中使用地址的自动增减来提高运行效率。

当然，和 CISC 架构相比较，尽管 RISC 架构有上述优点，但决不能认为 RISC 架构就可以取代 CISC 架构，事实上，RISC 和 CISC 各有优势，而且界限并不那么明显。现代的 CPU 往往采用 CISC 的外围，内部加入了 RISC 的特性，如超长指令集 CPU 就融合了 RISC 和 CISC 的优势，成为未来 CPU 的发展方向之一。

2. ARM 微处理器的寄存器结构

ARM 处理器共有 37 个寄存器，被分为若干个组（BANK），这些寄存器包括：

(1) 31 个通用寄存器，包括程序计数器（PC 指针），均为 32 位的寄存器；

(2) 6 个状态寄存器，用以标识 CPU 的工作状态及程序的运行状态，均为 32 位，目前只使用了其中的一部分。

同时，ARM 处理器又有 7 种不同的处理器模式，在每一种处理器模式下均有一组相应的寄存器与之对应，即在任意一种处理器模式下，可访问的寄存器包括 15 个通用寄存器（R0 ～ R14）（快中断模式除外）、1 ～2 个状态寄存器（CPSR SPSR 用户模式和系统模式没有）和程序计数器。在所有的寄存器中，有些是在 7 种处理器模式下共用的同一个物理寄存器，而有些寄存器则是在不同的处理器模式下有不同的物理寄存器。关于 ARM 处理器的寄存器结构，在后面的相关章节将会详细描述。

3. ARM 微处理器的指令结构

在较新的体系结构中，ARM 微处理器支持两种指令集：ARM 指令集和 Thumb 指令集。其中，ARM 指令为 32 位，Thumb 指令为 16 位。Thumb 指令集为 ARM 指令集的功能子集，但与等价的 ARM 代码相比较，可节省 30% ～ 40% 以上的存储空间，同时具备 32 位代码的所有优点。

关于 ARM 处理器的指令结构，在后面的相关章节将会详细描述。

1.1.5 ARM 微处理器的应用选型

鉴于 ARM 微处理器的众多优点，随着国内外嵌入式应用领域的逐步发展，ARM 微处理器必然会获得广泛的重视和应用。但是，由于 ARM 微处理器有多达十几种的内核结构、几十家芯片生产厂，以及千变万化的内部功能配置组合，给开发人员在选择方案时带来一定的困难，所以，对 ARM 芯片做一些对比研究是十分必要的。

从应用的角度出发，在选择 ARM 微处理器时，应主要考虑以下几个方面的问题。

1. ARM 微处理器内核的选择

ARM 微处理器包含一系列的内核结构，以适应不同的应用领域。如果用户希望使用 WinCE 或标准 Linux 等操作系统以减少软件开发时间，就需要选择 ARM720T 以上带有 MMU（Memory Management Unit）功能的 ARM 芯片，如 ARM720T、ARM920T、ARM922T、ARM946T、Strong - ARM 都带有 MMU 功能。

2. 系统的工作频率

系统的工作频率在很大程度上决定了 ARM 微处理器的处理能力。ARM7 系列微处理器的典型处理速度为 0.9MIPS，常见的 ARM7 芯片系统主时钟为 20 ～ 133MHz，ARM9 系列微处理器的典型处理速度为 1.1MIPS/MHz，常见的 ARM9 的系统主时钟频率为 100 ～ 233MHz，ARM10 最高可以达到 700MHz。

3. 芯片内存储器的容量

大多数的 ARM 微处理器片内存储器的容量都不大，需要用户在设计系统时外扩存储器，但也有部分芯片具有相对较大的片内存储空间。

4. 片内外围电路的选择

除 ARM 微处理器核以外，几乎所有的 ARM 芯片均根据各自不同的应用领域，扩展了相关功能模块，并集成在芯片之中，我们称之为片内外围电路，如 USB 接口、IIS 接口、LCD 控制器、键盘接口、RTC、ADC、DAC 和 DSP 协处理器等。

1.2 嵌入式系统的概念

1.2.1 嵌入式系统定义

目前，对嵌入式系统的定义多种多样，但没有一种定义是全面的。下面给出两种比较合理的定义。

从技术的角度定义：以应用为中心，以计算机技术为基础，软、硬件可裁剪，适应应用系统对功能、可靠性、成本、体积、功耗严格要求的专用计算机系统。

从系统的角度定义：嵌入式系统是设计完成复杂功能的硬件和软件，并使其紧密耦合在一起的计算机系统。这个定义说明，一些嵌入式系统通常是更大系统中的一个完整部分，称为嵌入的系统。嵌入的系统中可以共存多个嵌入式系统。汽车控制系统如图 1.1 所示。

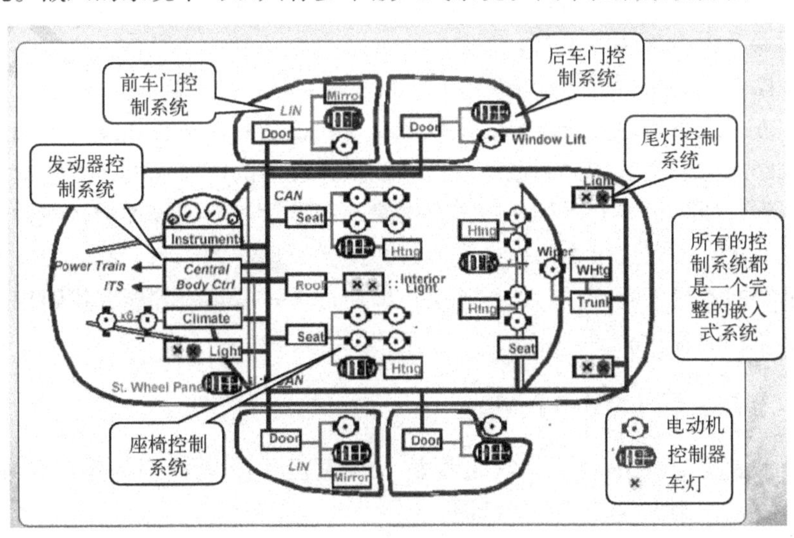

图 1.1　汽车控制系统

1.2.2 嵌入式发展过程

1. 嵌入式微处理器（单板计算机）

嵌入式微处理器的基础是通用计算机中的 CPU。在应用中，将微处理器装配在专门设计的电路板上，只保留与嵌入式应用有关的母板功能，这样可以大幅度减小系统体积和功耗。

为了满足嵌入式应用的特殊要求，嵌入式微处理器虽然在功能上与标准微处理器基本一样，但在工作温度、抗电磁干扰、可靠性等方面一般都有各种增强。

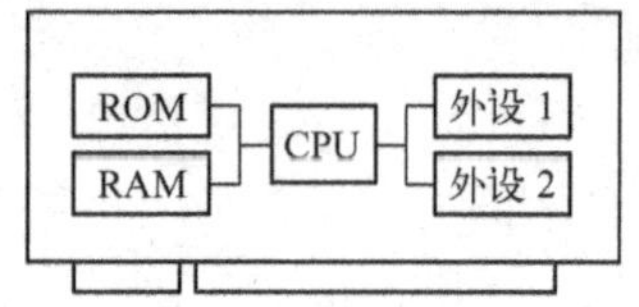

图 1.2　单板计算机

和工业控制计算机相比，嵌入式微处理器具有体积小、重量轻、成本低、可靠性高的优点。嵌入式微处理器及其存储器、总线、外设等安装在一块电路板上，称为单板计算机（图 1.2），如 STD - BUS、PC104 等。

但是，在电路板上必须包括 ROM、RAM、总线接口、各种外设等器件，从而降低了系统的可靠性，技术保密性也较差。现在已经较少使用了。

目前，嵌入式处理器主要有 Am186/88、386EX、SC - 400、Power PC、68000、MIPS、ARM 系列等。嵌入式微处理器又可分为 CISC 和 RISC 两类。大家熟悉的大多数台式 PC 都使用 CISC 微处理器，如 Intel 的 x86。RISC 结构体系有两大主流：Silicon Graphics 公司（硅谷图形公司）的 MIPS 技术；ARM 公司的 Advanced RISC Machines 技术，此外，Hitachi（日立公司）也有自己的一套 RISC 技术 SuperH。

嵌入式微处理器的选型原则：

（1）调查市场上已有的 CPU 供应商；

（2）CPU 的处理速度；

（3）技术指标；

（4）处理器的低功耗；

（5）处理器的软件支持工具；

（6）处理器是否内置调试工具；

（7）处理器供应商是否提供评估板。

选择一个嵌入式系统运行所需要的微处理器，在很多时候运算速度并不是最重要的考虑内容，有时也必须考虑微处理器制造厂商对于该微处理器的支持态度，有些嵌入式系统产品一用就是几十年，如果过了五六年之后需要维修，却已经找不到该种微处理器的话，势必全部产品都要被淘汰，所以许多专门生产嵌入式系统微处理器的厂商，都会为嵌入式系统的微处理器留下足够的库存或生产线。也就是说，即使过了好多年，都能够找到相同型号的微处理器或者完全兼容的替代品。

2. 嵌入式微控制器（单片机）MCU

嵌入式微控制器又称单片机，它是将整个计算机系统集成到一块芯片中，图 1.3 和图 1.4 为嵌入式微控制器及其芯片内部图。

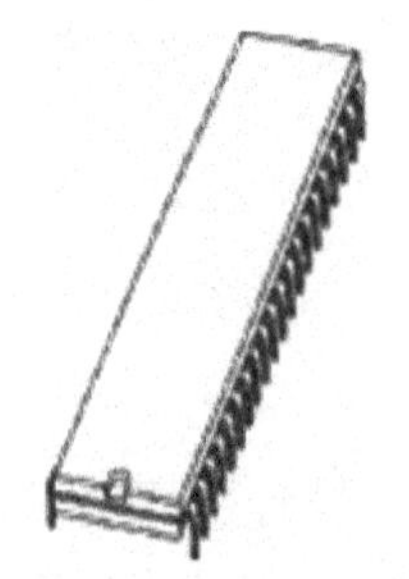
图 1.3　嵌入式微控制器

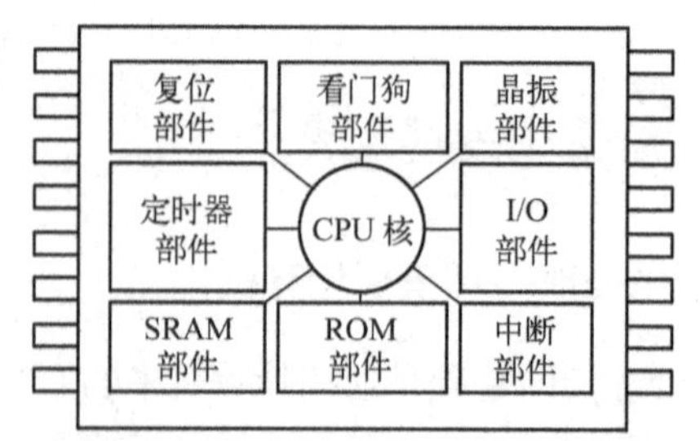

图 1.4　嵌入式微控制器芯片内部图

嵌入式微控制器一般以某一种微处理器内核为核心，芯片内部集成 ROM/EPROM、

RAM、总线、总线逻辑、定时/计数器、WatchDog、I/O、串行口、脉宽调制输出、A/D、D/A、Flash RAM、EEPROM 等各种必要功能和外设。为适应不同的应用需求，一般一个系列的单片机具有多种衍生产品，每种衍生产品的处理器内核都是一样的，不同的是存储器和外设的配置及封装。这样可以使单片机最大限度和应用需求相匹配，功能不多不少，从而减少功耗和成本。

和嵌入式微处理器相比，微控制器的最大特点是单片化，体积大大减小，从而使功耗和成本下降、可靠性提高。微控制器是目前嵌入式系统工业的主流。微控制器的片上外设资源一般比较丰富，适合控制，因此称微控制器。目前，嵌入式微控制器的品种和数量较多，比较有代表性的通用系列有 8051、P51XA、MCS - 251、MCS - 96/196/296、C166/167、MC68HC05/11/12/16、68300，以及数目众多的 ARM 芯片等。目前 MCU 约占嵌入式系统 70% 的市场份额。

3. 嵌入式处理器——DSP 处理器

DSP 处理器对系统结构和指令进行了特殊设计，使其适合执行 DSP 算法，编译效率较高，指令执行速度也较高。在数字滤波、FFT、频谱分析等方面 DSP 算法正在大量进入嵌入式领域，DSP 应用正从在通用单片机中以普通指令实现 DSP 功能，过渡到采用嵌入式 DSP 处理器。

4. 嵌入式处理器——嵌入式片上系统（SoC）（ARM 也属于 SoC 系统）

随着 EDA 的推广和 VLSI 设计的普及化及半导体工艺的迅速发展，在一个硅片上实现一个更为复杂的系统的时代已来临，这就是 System On Chip（SoC）。各种通用处理器内核将作为 SoC 设计公司的标准库，和许多其他嵌入式系统外设一样，成为 VLSI 设计中一种标准的器件，用标准的 VHDL 等语言描述，存储在器件库中。用户只需定义出其整个应用系统，仿真通过后就可以将设计图交给半导体工厂制作样品。这样除个别无法集成的器件以外，整个嵌入式系统大部分均可集成到一块或几块芯片中去，应用系统电路板将变得很简洁，对于减小体积和功耗、提高可靠性非常有利。

SoC 可以分为通用和专用两类。通用系列包括 Infineon 的 TriCore、Motorola 的 M - Core、某些 ARM 系列器件、Echelon 和 Motorola 联合研制的 Neuron 芯片等。专用 SoC 一般用于某个或某类系统中，不为一般用户所知。一个有代表性的产品是 Philips 的 Smart XA，它将 XA 单片机内核和支持超过2048 位复杂 RSA 算法的 CCU 单元制作在一块硅片上，形成一个可加载 JAVA 或 C 语言的专用的 SoC，可用于公众互联网的安全方面。

1.3 嵌入式操作系统

1.3.1 概述

计算机系统由硬件和软件组成，在发展初期没有操作系统这个概念，用户使用监控程序来使用计算机。随着计算机技术的发展，计算机系统的硬件、软件资源也越来越丰富，监控程序已不能适应计算机应用的要求。于是在 20 世纪中期，监控程序又进一步发展形成了操作系统（Operating System）。发展到现在，广泛应用的有三种操作系统，即多道批处理操作系统、分时操作系统，以及实时操作系统，如图 1.5 所示。

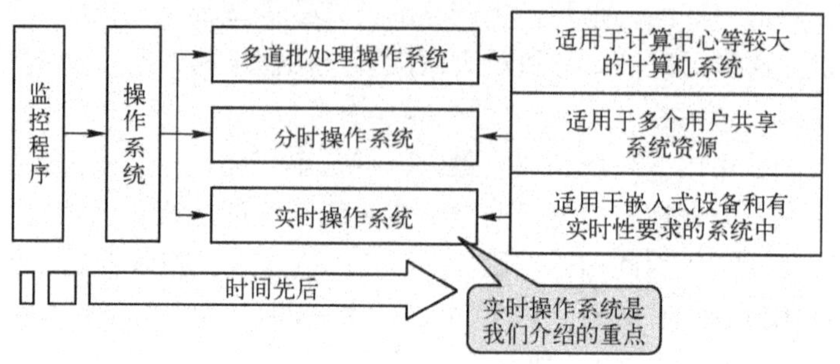

图 1.5　操作系统类别

提到桌面型计算机的操作系统，全世界超过九成的 PC 使用的是微软（Microsoft）公司的 Windows 操作系统，其他也有一些颇具知名度的操作系统，如苹果（Apple）公司的 MacOS，工作站级计算机常用的 Sun 公司的 Solaris，还有 Linux 或 FreeBSD 等免费的操作系统，但是提到嵌入式系统中所使用的操作系统，一般用户就很少了解了。由于大型嵌入式系统需要完成复杂的功能，所以需要操作系统来完成各项任务之间的调度。由于桌面型操作系统的体积，以及实时性等特性不能满足嵌入式系统的要求，从而促进了嵌入式操作系统的发展。

1.3.2　操作系统

操作系统（Operating System，OS）的基本思想是隐藏底层不同硬件的差异，向在其上运行的应用程序提供一个统一的调用接口。应用程序通过这一接口实现对硬件的使用和控制，不必考虑不同硬件操作方式的差异。操作系统示意图如图 1.6 所示。

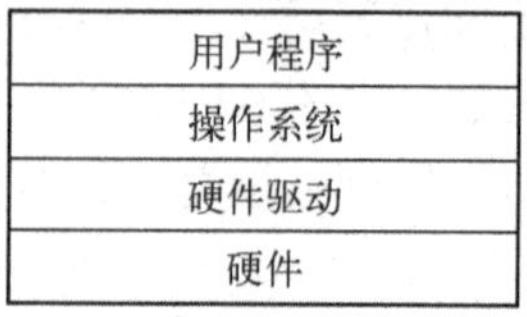

用户程序
操作系统
硬件驱动
硬件

图 1.6　操作系统示意图

很多产品厂商选择购买操作系统，在此基础上开发自己的应用程序，形成产品。事实上，因为嵌入式系统是将所有程序，包括操作系统、驱动程序、应用程序的程序代码全部烧写进 ROM 里执行，所以操作系统在这里的角色更像一套函数库（Library）。

操作系统主要完成三项任务：内存管理、多任务管理和外围设备管理。

操作系统是计算机中最基本的程序。操作系统负责计算机系统中全部软、硬件资源的分配与回收、控制与协调等并发的活动；操作系统提供用户接口，使用户获得良好的工作环境；操作系统为用户扩展新的系统功能提供软件平台。

嵌入式操作系统（Embedded Operating System）：负责嵌入式系统的全部软、硬件资源的分配、调度、控制、协调；它必须体现其所在系统的特征，能够通过加载/卸载某些模块来达到系统所要求的功能。

嵌入式系统的操作系统核心通常要求体积要很小，因为硬件 ROM 的容量有限，除了应用程序之外，不希望操作系统占用太大的存储空间。事实上，嵌入式操作系统可以很小，只提供基本的管理功能和调度功能，缩小到 10 ～ 20KB 的嵌入式操作系统比比皆是，相信习惯微软的 Windows 系统的用户，可能会觉得不可思议。

不同的应用场合会产生不同特点的嵌入式操作系统，但都会有一个核心（Kernel）和一些系统服务（System Service）。操作系统必须提供一些系统服务供应用程序调用，包括文件系统、内存分配、I/O 存取服务、中断服务、任务（Task）服务、时间（Timer）服务等，设备驱动程序（Device Driver）则是要建立在 I/O 存取和中断服务上的。有些嵌入式操作系统也会提供多种通信协议，以及用户接口函数库等。嵌入式操作系统的性能通常取决于核心程序，而核心的工作主要在任务管理（Task Management）、任务调度（Task Scheduling）、进程间的通信（IPC）、内存管理（Memory Management）等方面。

1.3.3　实时操作系统（RTOS）

实时操作系统是一段在嵌入式系统启动后首先执行的背景程序，用户的应用程序是运行于 RTOS 之上的各个任务，RTOS 根据各个任务的要求，进行资源（包括存储器、外设等）管理、消息管理、任务调度、异常处理等工作。在 RTOS 支持的系统中，每个任务均有一个优先级，RTOS 根据各个任务的优先级，动态地切换各个任务，保证对实时性的要求。

实时操作系统（Real - Time Operating System，RTOS）是指操作系统本身能够在一个固定时限内对程序调用（或外部事件）做出正确的反应，这对时序与稳定性的要求十分严格。目前国际较为知名的实时操作系统有 WindRiver 的“VxWorks”、QNX 的“NeutrinoRTOS”、Accelerated Technology 的“Nucleus Plus”、Radisys 的“OS/9”、Mentor Graphic 的“VRTX”、LynuxWorks 的“LynuxOS”，以及 Embedded Linux 厂商所提供的 Embedded Linux 版本，如 Lynux Works 的“BlueCat RT”等。其产品主要应用于航空航天、国防、医疗、工业控制等领域，这些领域的设备需要高度精确的实时操作系统，以确保系统任务的执行不会发生难以弥补的意外。

1. 实时操作系统的特点

IEEE 的实时 UNIX 分委会认为实时操作系统应具备以下几点：

- 异步的事件响应；
- 切换时间和中断延迟时间确定；
- 优先级中断和调度；
- 抢占式调度；
- 内存锁定；
- 连续文件；
- 同步。

总地来说，实时操作系统是事件驱动的，能对来自外界的作用和信号在限定的时间范围内做出响应。它强调的是实时性、可靠性和灵活性，与实时应用软件相结合而成为有机的整体，它起着核心作用并管理和协调各项工作，为应用软件提供良好的运行软件环境及开发环境。从实时系统的应用特点来看，实时操作系统可以分为两种：一般实时操作系统和嵌入式实时操作系统。一般实时操作系统应用于实时处理系统的上位机和实时查询系统等实时性较弱的系统，并且提供了开发、调试、运用相匹配的环境。

嵌入式实时操作系统应用于实时性要求高的控制系统，而且应用程序的开发过程是通过交叉开发来完成的，即开发环境与运行环境不一致。嵌入式实时操作系统具有规模小（一般在几至几十 K）、可固化使用实时性强（在毫秒或微秒数量级上）的特点。

2. 使用实时操作系统的必要性

嵌入式实时操作系统在目前的嵌入式应用中用得越来越广泛，尤其在功能复杂、系统庞大的应用中显得越来越重要。在嵌入式应用中，只有把 CPU 嵌入到系统中，同时又把操作系统嵌入进去，才是真正的计算机嵌入式应用。使用实时操作系统主要原因有：

- 嵌入式实时操作系统提高了系统的可靠性；
- 提高了开发效率，缩短了开发周期；
- 嵌入式实时操作系统充分发挥了 32 位 CPU 的多任务潜力。

3. 实时操作系统的优缺点

优点：在嵌入式实时操作系统环境下，开发实时应用程序使程序的设计和扩展变得容易，不需要大的改动就可以增加新的功能。通过将应用程序分割成若干独立的任务模块，使应用程序的设计过程大为简化；而且对实时性要求苛刻的事件都得到了快速、可靠的处理。通过有效的系统服务，嵌入式实时操作系统使得系统资源得到更好的利用。

缺点：使用嵌入式实时操作系统还需要额外的 ROM/RAM 开销，2% ～ 5% 的 CPU 额外负荷，以及内核的费用。

1.3.4 通用型操作系统

通用型操作系统的执行性能与反应速度比起实时操作系统，相对没有那么严格。目前较知名的有 Microsoft 的 “Windows CE”、Palm source 的 “Palm OS”、Symbian 的 “Symbian OS”，以及 Embedded Linux 厂商所提供的各式 Embedded Linux 版本，如 Metrowerks 的 “Embedix”、TimeSys 的 “TimeSys Linux/GPL”、LynuxWorks 的 “BlueCat Linux”、PalmPalm 的 “Tynux” 等，其产品主要应用于手持式设备、各式联网家电、网络设备等领域。

1.3.5 嵌入式常见的几个概念

1. 前、后台系统

对基于芯片的开发来说，应用程序一般是一个无限的循环，可称为前、后台系统或超循环系统。很多基于微处理器的产品采用前后台系统设计，如微波炉、电话、玩具等。在另外一些基于微处理器应用中，从省电的角度出发，平时微处理器处在停机状态，所有程序都靠中断服务来完成。

2. 代码的临界区

代码的临界区简称为临界区，指处理时不可分割的代码，运行这些代码不允许被打断。一旦这部分代码开始执行，则不允许任何中断打入（这不是绝对的，如果中断不调用任何包含临界区的代码，也不访问任何临界区使用的共享资源，这个中断可能可以执行）。为确保临界区代码的执行，在进入临界区之前要关中断，而临界区代码执行完成以后要立即开中断。图 1.7 所示为前、后台系统。

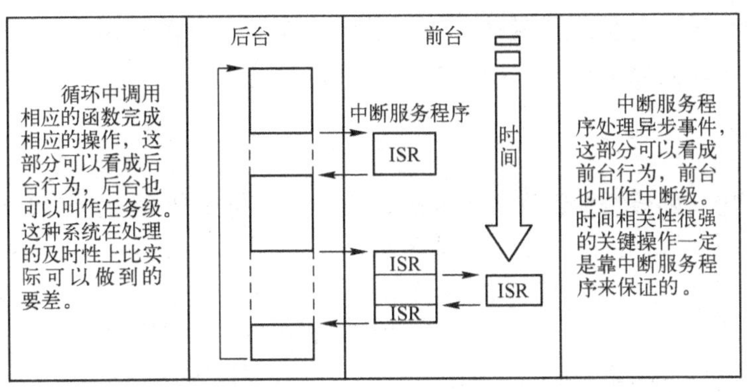

图 1.7　前、后台系统

3. 资源

程序运行时可使用的软、硬件环境统称为资源。资源可以是输入、输出设备，如打印机、键盘、显示器；资源也可以是一个变量、一个结构或一个数组等。

4. 共享资源

可以被一个以上任务使用的资源叫作共享资源。为了防止数据被破坏，每个任务在与共享资源打交道时，必须独占该资源，这叫作互斥。共享资源如图 1.8 所示。

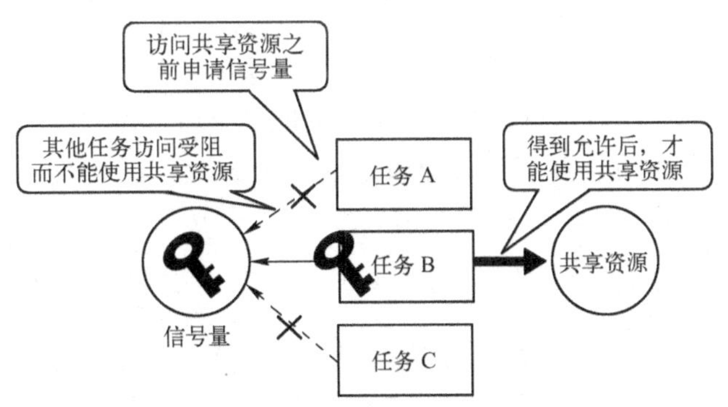

图 1.8　共享资源

5. 任务

一个任务（又称作一个线程）是一个简单的程序，可以认为 CPU 完全属于该程序自身。实时应用程序的设计过程，包括如何把问题分割成多个任务，每个任务都是整个应用的某一部分，都被赋予一定的优先级，有自己的一套 CPU 寄存器和自己的栈空间。

6. 任务切换

当多任务内核决定运行另外的任务时，它保存正在运行任务的当前状态，即 CPU 寄存器中的全部内容。这些内容保存在任务的当前状态保存区，也就是任务自己的栈区之中。入栈工作完成以后，就把下一个将要运行的任务的当前状态从任务的栈中重新装入 CPU 的寄存器，并开始下一个任务的运行。这个过程就称为任务切换。

任务切换增加了应用程序的额外负荷。CPU 的内部寄存器越多，额外负荷就越重。做任务切换所需要的时间取决于 CPU 有多少寄存器要入栈。

7. 内核

多任务系统中，内核负责管理各个任务，或者说为每个任务分配 CPU 时间，并且负责任务之间的通信。内核提供的基本服务是任务切换。使用实时内核可以大大简化应用系统的设计，因为实时内核允许将应用分成若干个任务，由实时内核来管理它们。内核需要消耗一定的系统资源，比如 2% ～ 5% 的 CPU 运行时间、RAM 和 ROM 等。

内核提供必不可少的系统服务，如信号量、消息队列、延时等。

8. 调度

调度是内核的主要职责之一，就是决定该轮到哪个任务运行了。多数实时内核是基于优先级调度法的。每个任务根据其重要程序的不同而被赋予一定的优先级。基于优先级的调度法是指 CPU 总是让处在就绪态的优先级最高的任务先运行。然而，究竟何时让高优先级任务掌握 CPU 的使用权？这有两种不同的情况，主要看用的是什么类型的内核，是非占先式的还是占先式的内核。

9. 非占先式内核

非占先式内核要求每个任务自我放弃 CPU 的所有权。非占先式调度法也称为合作型多任务，各个任务彼此合作共享一个 CPU。异步事件由中断服务来处理。中断服务可以使一个高优先级的任务由挂起状态变为就绪状态。但中断服务以后，控制权将回到原来被中断了的那个任务，直到该任务主动放弃 CPU 的使用权时，其他高优先级的任务才能获得 CPU 的使用权。

10. 占先式内核

当系统响应任务很重要时，要使用占先式内核。因此绝大多数商业上销售的实时内核都是占先式内核。最高优先级的任务一旦就绪，总能得到 CPU 的控制权。当一个运行着的任务使一个比它优先级高的任务进入了就绪状态，当前任务的 CPU 使用权就被剥夺了，或者说被挂起了，那个高优先级的任务立刻得到了 CPU 的控制权。如果中断服务子程序使一个高优先级的任务进入就绪态，那么中断完成时，中断了的任务被挂起，优先级高的那个任务开始运行了。

11. 任务优先级

任务的优先级是表示任务被调度的优先程度。每个任务都具有优先级。任务越重要，赋予的优先级应越高，越容易被调度而进入运行态。

12. 中断

不同系统的中断过程如图 1.9 所示。

中断是一种硬件机制，用于通知 CPU 有个异步事件发生了。中断一旦被识别，CPU 保

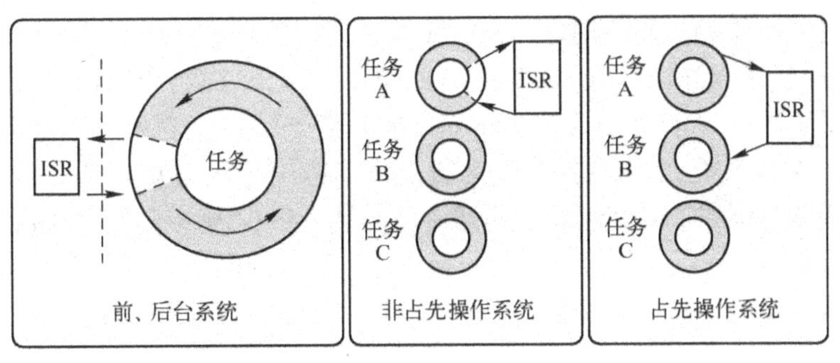

图 1.9　不同系统的中断过程

存部分（或全部）上下文即部分或全部寄存器的值，然后跳转到专门的子程序，即中断服务子程序（ISR）。中断服务子程序进行事件处理，处理完成后，程序进行：

（1）在前、后台系统中，程序回到后台程序；

（2）对非占先式内核而言，程序回到被中断了的任务；

（3）对占先式内核而言，让进入就绪态的优先级最高的任务开始运行。

13. 时钟节拍

时钟节拍是指特定的周期性中断。这个中断可以看作系统心脏的脉动。中断之间的时间间隔取决于不同应用，一般在 10 ～ 200ms 之间。时钟的节拍式中断使得内核可以将任务延时若干个整数时钟节拍，以及当任务等待事件发生时，提供等待超时的依据。如果时钟节拍率越快，系统的额外开销就越大。

1.3.6　常见的嵌入式操作系统

1. 嵌入式 Linux

Linux 操作系统是 UNIX 操作系统的一种克隆系统。它诞生于 1991 年的 10 月 5 日（这是第一次正式向外公布的时间）。此后借助于互联网，经过全世界各地计算机爱好者的共同努力，已成为当今世界上使用最多的一种 UNIX 类操作系统，并且使用人数还在迅猛增长。

Linux 是目前最为流行的一款开放源代码的操作系统，从 1991 年问世到现在，不仅在 PC 平台，还在嵌入式应用中大放光彩，逐渐形成了与其他商业 EOS 抗衡的局面。目前正在开发的嵌入式系统中，70% 以上的项目选择 Linux 作为嵌入式操作系统。

经过改造后的嵌入式 Linux 具有适合嵌入式系统的特点。

（1）内核精简，高性能、稳定；

（2）良好的多任务支持；

（3）适用于不同的 CPU 体系架构，即支持多种体系架构，如 X86、ARM、MIPS、ALPHA、SPARC 等；

（4）可伸缩的结构，使 Linux 适合从简单到复杂的各种嵌入式应用；

（5）外设接口统一，以设备驱动程序的方式为应用提供统一的外设接口；

（6）开放源码，软件资源丰富，广泛的软件开发者的支持，价格低廉、结构灵活、适用面广；

(7) 完整的技术文档，便于用户的二次开发。

uClinux 是一个完全符合 GNU/GPL 公约的操作系统，完全开放代码。uClinux 从 Linux 2.0/2.4 内核派生而来，沿袭了主流 Linux 的绝大部分特性。它是专门针对没有 MMU 的 CPU，并且为嵌入式系统做了许多小型化的工作。适用于没有虚拟内存或内存管理单元 (MMU) 的处理器，例如 ARM7TDMI。它通常用于具有很少内存或 Flash 的嵌入式系统。它保留了 Linux 的大部分优点：稳定、良好的移植性，优秀的网络功能，完备地支持各种文件系统，以及标准丰富的 API 等。注意：LINUX2.6 版本已经能够在没有 MMU 的处理器上运行了。

2. Windows CE

Windows CE 是微软开发的一个开放的、可升级的 32 位嵌入式操作系统，是基于掌上型电脑类的电子设备操作，它是精简的 Windows 95。Windows CE 的图形用户界面相当出色。Windows CE 具有模块化、结构化和基于 Win32 应用程序接口以及与处理器无关等特点。Linux 操作系统界面和 Windows CE 分别如图 1.10 和图 1.11 所示。Windows CE 不仅继承了传统的 Windows 图形界面，并且在 Windows CE 平台上可以使用 Windows 95/98 上的编程工具 (如 Visual Basic、Visual C ++ 等)，使绝大多数的应用软件只须简单的修改和移植就可以在 Windows CE 平台上继续使用。

图 1.10　Linux 操作系统界面

图 1.11　Windows CE

从多年前发表 Windows CE 开始，微软就开始涉足嵌入式操作系统领域，目前已历经了 Windows CE 1.0 到 7.0，共 7 个不同的版本，新一代的 Windows CE 呼应微软 .NET 的意愿，定名为"Windows CE. NET"。Windows CE 主要应用于 PDA，以及智能电话 (smart phone) 等多媒体网络产品。微软于 2004 年推出了代号为"Macallan"的新版 Windows CE 系列的操作系统。

Windows CE. NET 的目的，是让不同语言所写的程序可以在不同的硬件上执行，也就是所谓的 .NET Compact Framework，在这个 Framework 下的应用程序与硬件互相独立无关，而内核本身是一个支持多线程以及多 CPU 的操作系统。在工作调度方面，为了提高系统的实时性，主要设置了 256 级的工作优先级，以及可嵌入式中断处理。

如同在 PC Desktop 环境，Windows CE 系列在通信和网络的能力，以及多媒体方面极具优势。其提供的协议软件非常完整，如基本的 PPP、TCP/IP、IrDA、ARP、ICMP、Wireless

Tunable TCP/IP、PPTP、SNMP、HTTP 等几乎应有尽有，甚至还提供了有保密与验证的加密通信，如 PCT/SSL。在多媒体方面，目前在 PC 上执行的 Windows Media 和 DirectX 都已经应用到 Windows CE 3.0 以上的平台。这些包括 Windows Media Technologies 4.1、Windows Media Player 6.4 Control、DirectDraw API、DirectSound API 和 DirectShow API，其主要功能就是对图形、影音进行编码和译码，以及对多媒体信号进行处理。

3. μC/OS－Ⅱ

μC/OS－Ⅱ是 Jean J. Labrosse 在 1990 年前后编写的一个实时操作系统内核。其名称 μC/OS－Ⅱ来源于术语 Micro－Controller Operating System（微控制器操作系统）。它通常也被称为 MUCOS 或 UCOS。严格地说，μC/OS－Ⅱ只是一个实时操作系统内核，它仅仅包含了任务调度、任务管理、时间管理、内存管理和任务间通信和同步等基本功能，没有提供输入/输出管理、文件管理、网络等额外的服务。但由于 μC/OS－Ⅱ良好的可扩展性和源码开放，这些功能完全可以由用户根据需要自己实现。μC/OS－Ⅱ的目标是实现一个基于优先级调度的抢占式实时内核，并在这个内核之上提供最基本的系统服务，如信号量、邮箱、消息队列、内存管理、中断管理等。虽然 μC/OS－Ⅱ并不是一个商业实时操作系统，但 μC/OS－Ⅱ的稳定性和实用性却被数百个商业级的应用所验证，其应用领域包括便携式电话、运动控制卡、自动支付终端、交换机等。μC/OS－Ⅱ是一个源码公开、可移植、可固化、可裁剪、占先式的实时多任务操作系统，其绝大部分源码是用 ANSI C 写的，只有与处理器的硬件相关的一部分代码用汇编语言编写。使其可以方便地移植并支持大多数类型的处理器。可以说，μC/OS－Ⅱ在最初设计时就考虑到了系统的可移植性，这一点和同样源码开放的 Linux 很不一样，后者在开始的时候只是用于 x86 体系结构，后来才将和硬件相关的代码单独提取出来。

目前，μC/OS－Ⅱ支持 ARM、PowerPC、MIPS、68k/ColdFire 和 x86 等多种体系结构。

μC/OS－Ⅱ通过了美国联邦航空局（FAA）商用航行器认证。自 1992 年问世以来，μC/OS－Ⅱ已经被应用到数以百计的产品中。μC/OS－Ⅱ占用很少的系统资源，并且在高校教学使用时不需申请许可证。

4. VxWorks

VxWorks 操作系统是美国 WIND RIVER 公司于 1983 年设计开发的一种嵌入式实时操作系统（RTOS），是嵌入式开发环境的关键组成部分。良好的持续发展能力、高性能的内核，以及友好的用户开发环境，在嵌入式实时操作系统领域占据一席之地。它以其良好的可靠性和卓越的实时性被广泛地应用在通信、军事、航空航天等高精尖技术及实时性要求极高的领域中，如卫星通信、军事演习、弹道制导、飞机导航等，甚至在 1997 年 4 月登陆火星表面的火星探测器上也使用到了 VxWorks。

5. eCos

eCos 是 RedHat 公司开发的源代码开放的嵌入式 RTOS 产品，是一个可配置、可移植的嵌入式实时操作系统，设计的运行环境为 RedHat 的 GNUPro 和 GNU 开发环境。eCos 的所有部分都开放源代码，可以按照需要自由修改和添加。eCos 最为显著的特点是它的可配置性。

它的主要技术创新是其功能强大的组件管理和系统配置，可以源码级实现对系统的配置和裁剪。此外，eCos 可以通过安装第三方组件包来扩展系统功能。

6. uITRON

TRON 是指“实时操作系统内核（The Real－time Operating system Nucleux）”，在 1984 年由东京大学的 Sakamura 博士提出，目的是为了建立一个理想的计算机体系结构。通过工业界和大学院校的合作，TRON 方案正被逐步用到全新概念的计算机体系结构中。

uITRON 是 TRON 的一个子方案，它具有标准的实时内核，适用于任何小规模的嵌入式系统，日本国内现有很多基于该内核的产品，其中消费电器较多。目前已成为日本事实上的工业标准。

TRON 明确的设计目标使其甚至比 Linux 更适合做嵌入式应用，内核小，启动速度快，即时性能好，也很适合汉字系统的开发。另外，TRON 的成功还来源于以下两个重要的条件：

（1）它是免费的；

（2）它已经建立了开放的标准，形成了较完善的软、硬件配套开发环境，较好地形成了产业化。

第 2 章 ARM体系结构

Cortex－M3 系列处理器，其中包含了 Thumb 指令集。使用 Thumb 指令集可以以 16 位的系统开销得到 32 位的系统性能。

我们使用的开发板 STM32F103RBT6 芯片内核属于 Cortex－M3 的版本。指令集版本属于 V7 版本。

2.1 ARM 体系结构的特点

ARM 处理器为 RISC 芯片，其简单的结构使 ARM 内核非常小，这使得器件的功耗也非常低，它具有以下经典 RISC 的特点：

（1）大的、统一的寄存器文件；

（2）装载/保存结构，数据处理操作只针对寄存器的内容，而不直接对存储器进行操作；

（3）简单的寻址模式；

（4）统一和固定长度的指令域，简化了指令的译码；

（5）执行每条数据处理指令都会对算术逻辑单元和移位器进行控制，以实现对算术逻辑单元和移位器最大利用；

（6）地址自动增加和减少寻址模式，优化程序循环；

（7）多寄存器装载和存储指令实现最大数据吞吐量；

（8）所有指令的条件执行实现最快速的代码执行。

2.2 各 ARM 体系结构版本

ARM 体系结构从最初开发到现在有了巨大的改进，并仍在完善和发展。为了清楚地表达每个 ARM 应用实例所使用的指令集，ARM 公司定义了 7 种主要的 ARM 指令集体系结构版本，以版本号 V1 ～ V7 表示。

1. ARM 体系结构版本——V1

该版本的 ARM 体系结构，只有 26 位的寻址空间，没有商业化，其特点为：

（1）基本的数据处理指令（不包括乘法）；

（2）字节、字和半字加载/存储指令；

(3) 具有分支指令，包括在子程序调用中使用的分支和链接指令；
(4) 在操作系统调用中使用的软件中断指令。

2. ARM 体系结构版本——V2

同样为 26 位寻址空间，现在已经废弃不再使用，它相对 V1 版本有以下改进：
(1) 具有乘法和乘加指令；
(2) 支持协处理器；
(3) 快速中断模式中的两个以上的分组寄存器；
(4) 具有原子性加载/存储指令 SWP 和 SWPB。

3. ARM 体系结构版本——V3

寻址范围扩展到 32 位（事实上也基本废弃了），具有以下独立的程序：
(1) 具有乘法和乘加指令；
(2) 支持协处理器；
(3) 快速中断模式中具有两个以上的分组寄存器；
(4) 具有原子性加载/存储指令 SWP 和 SWPB。

4. ARM 体系结构版本——V4

不再为了与以前的版本兼容而支持 26 位体系结构，并明确了哪些指令会引起未定义指令异常的发生，它相对 V3 版本做了以下的改进：
(1) 半字加载/存储指令；
(2) 字节和半字的加载和符号扩展指令；
(3) 具有可以转换到 Thumb 状态的指令；
(4) 用户模式寄存器新的特权处理器模式。

5. ARM 体系结构版本——V5

在 V4 版本的基础上，对现在指令的定义进行了必要的修正，对 V4 版本的体系结构进行了扩展并增加了指令，具体如下：
(1) 改进了 ARM/Thumb 状态之间的切换效率；
(2) 允许非 T 变量和 T 变量一样，使用相同的代码生成技术；
(3) 增加计数前导零指令和软件断点指令；
(4) 对乘法指令如何设置标志作了严格的定义。

6. ARM 体系结构版本——V6

ARM 体系架构 V6 是 2001 年发布的，有以下基本特点：
(1) 完全与以前的体系相容；
(2) SIMD 媒体扩展，使媒体处理速度快 1.75 倍；
(3) 改进了的存储器管理，使系统性能提高 30%；
(4) 改进了的混合端（Endian）与不对齐资料支援，使得小端系统支援大端资料（如

TCP/IP），许多 RTOS 是小端的；

（5）为实时系统改进了中断响应时间，将最坏情况下的 35 周期改进到了 11 个周期。

ARM 体系版本 V6 是 2001 年发布的，其主要特点是增加了 SIMD 功能扩展。它适合电池供电的高性能的便携式设备。这些设备一方面需要处理器提供高性能，另一方面又需要功耗很低。SIMD 功能扩展为包括音频/视频处理在内的应用系统提供优化功能。它可以使音频/视频处理性能提高 4 倍。ARM 体系版本 V6 首先在 2002 年春季发布的 ARM11 处理器中使用。

7. ARM 体系结构版本——V7

ARMV7 架构是在 ARMV6 架构的基础上诞生的。该架构采用了 Thumb－2 技术，它是在 ARM 的 Thumb 代码压缩技术的基础上发展起来的，并且保持了对现存 ARM 解决方案的完整的代码兼容性。Thumb－2 技术比纯 32 位代码少使用 31% 的内存，减小了系统开销，同时能够提供比已有的基于 Thumb 技术的解决方案高出 38% 的性能。ARMV7 架构还采用了 NEON 技术，将 DSP 和媒体处理能力提高了近 4 倍，并支持改良的浮点运算，满足下一代 3D 图形、游戏物理应用以及传统嵌入式控制应用的需求。此外，ARMV7 还支持改良的运行环境，以迎合不断增加的 JIT（Just In Time）和 DAC（Dynamic Adaptive Compilation）技术的使用。

2.3 Cortex－M3 简介

Cortex－M3 是一个 32 位处理器内核。内部的寻址空间 32 位，寄存器是 32 位的，存储器接口也是 32 位的。CORTEX－M3 采用了哈佛结构，拥有独立的指令总线和数据总线，可以让取指与数据访问并行不悖。这样一来数据访问不再占用指令总线，从而提升了性能。为实现这个特性，CORTEX－M3 内部含有好几条总线接口，每条都为自己的应用场合优化过，并且它们可以并行工作。但是另一方面，指令总线和数据总线共享同一个存储器空间（一个统一的存储器系统）。换句话说，因为有两条总线，可寻址空间就变成 8GB 了。

比较复杂的应用可能需要更多的存储系统功能，为此 CORTEX－M3 提供一个可选的 MPU，而且在需要的情况下也可以使用外部的 Cache。另外在 CORTEX－M3 中，Both 小端模式和大端模式都是支持的。

CORTEX－M3 内部还附增了好多调试组件，用于在硬件水平上支持调试操作，如指令断点，数据观察点等。另外，为支持更高级的调试，还有其他可选组件，包括指令跟踪和多种类型的调试接口。Cortex－M3 的简化视图参见图 2.1。

2.4 寄存器

Cortex－M3 处理器拥有 R0 ～ R15 的寄存器组，其中 R13 作为堆栈指针 SP。

1. R0 ～ R12：通用寄存器

R0 ～ R12 都是 32 位通用寄存器，用于数据操作。但是注意：绝大多数 16 位 Thumb 指令只能访问 R0 ～ R7，而 32 位 Thumb－2 指令可以访问所有寄存器。

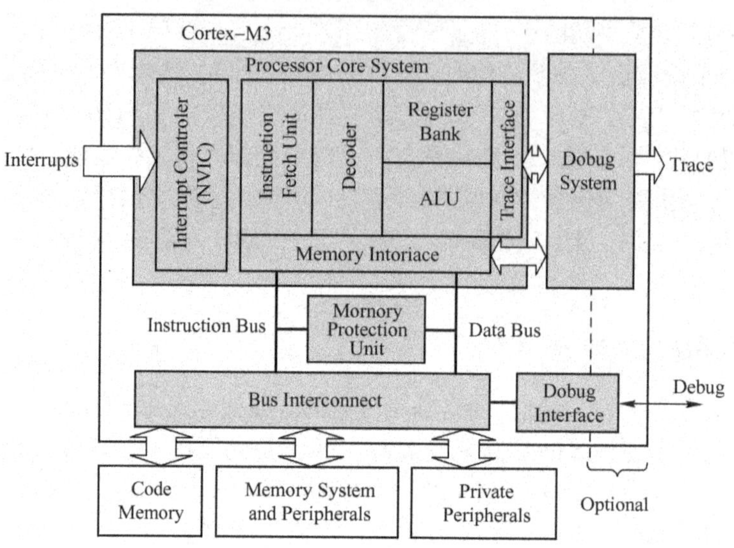

图 2.1　Cortex - M3 的简化视图

2. Banked R13：两个堆栈指针

Cortex - M3 拥有两个堆栈指针，然而它们是 Banked 的，因此任　时刻只能使用其中的一个。

- 主堆栈指针（MSP）：复位后缺省使用的堆栈指针，用于操作系统内核及异常处理例程（包括中断服务例程）；
- 进程堆栈指针（PSP）：由用户的应用程序代码使用。

堆栈指针的最低两位永远是 0，这意味着堆栈总是 4 字节对齐的。

在 ARM 编程领域中，凡是打断程序顺序执行的事件，都被称为异常（Exception）。除了外部中断外，当有指令执行了“非法操作”，或者访问被禁的内存区间，因各种错误产生的 Fault，以及不可屏蔽的中断发生时，都会打断程序的执行，这些情况统称为异常。在不严格的上下文中，异常与中断也可以混用。另外，程序代码也可以主动请求进入异常状态（常用于系统调用）。

3. R14：连接寄存器

当呼叫一个子程序时，由 R14 存储返回地址，不像其他大多数处理器，ARM 为了减少访问内存的次数（访问内存的操作往往要 3 个以上指令周期，带 MMU 和 Cache 的就更加不确定了），把返回地址直接存储在寄存器中。这样足以使很多只有 1 级子程序调用的代码无需访问内存（堆栈内存），从而提高了子程序调用的效率。如果多于 1 级，则需要把前一级的 R14 值压到堆栈里。在 ARM 上编程时，应尽量只使用寄存器保存中间结果，迫不得已时才访问内存。在 RISC 处理器中，为了强调访问内存操作越过了处理器的界线，并且带来了对性能的不利影响，给它取了一个专业的术语：溅出。

4. R15：程序计数寄存器

指向当前的程序地址。如果修改它的值，就能改变程序的执行流程。

5. 特殊功能寄存器

Cortex－M3 还在内核水平上搭载了若干特殊功能寄存器，如图 2.2 所示，包括：

- 程序状态字寄存器组（PSRs）；
- 中断屏蔽寄存器组（PRIMASK，FAULTMASK，BASEPRI）；
- 控制寄存器（CONTROL）。

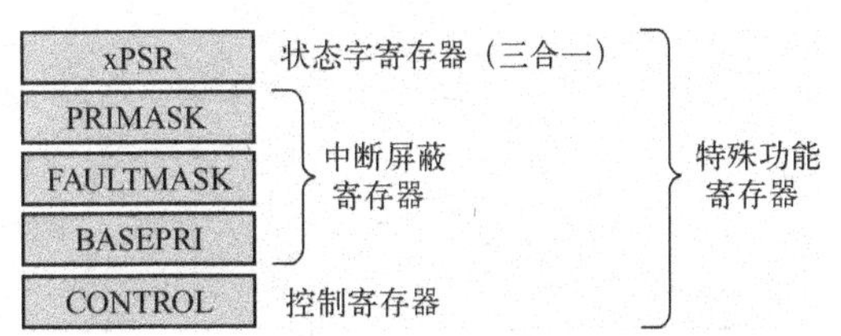

图 2.2　Cortex－M3 中的特殊功能寄存器集合

常见特殊功能寄存器及其功能见表 2.1。

表 2.1　寄存器及其功能

寄　存　器	功　　能
xPSR	记录 ALU 标志（0 标志，进位标志，负数标志，溢出标志），执行状态，以及当前正服务的中断号
PRIMASK	除能所有的中断——当然了，不可屏蔽中断（NMI）才不甩它呢
FAULTMASK	除能所有的 Fault——NMI 依然不受影响，而且被除能的 Faults 会“上访”，见后续章的叙述
BASEPRI	除能所有优先级不高于某个具体数值的中断
CONTROL	定义特权状态（见后续章节对特权的叙述），并且决定使用哪一个堆栈指针

2.5　操作模式和特权级别

Cortex－M3 处理器不仅支持两种操作模式，还支持两级特权操作，如图 2.3 所示。

	特权级	用户级
异常Handler的代码	Handler模式	错误的用法
主应用程序的代码	线程模式	线程模式

图 2.3　Cortex－M3 下的操作模式和特权级别

两种操作模式分别为：处理者模式和线程模式。引入两个模式的本意是用于区别普通应用程序的代码和异常服务例程的代码（包括中断服务例程的代码）。

两级特权操作分别是：特权级和用户级。这样可以提供一种存储器访问的保护机制，使得普通的用户程序代码不能意外地，甚至是恶意地执行涉及要害的操作。处理器支持两种特权级，这也是一个基本的安全模型。

在 Cortex－M3 运行主应用程序时（线程模式），既可以使用特权级，也可以使用用户级；但是异常服务例程必须在特权级下执行。复位后，处理器默认进入线程模式、特权级访问。在特权级下，程序可以访问所有范围的存储器（如果有 MPU，还要在 MPU 规定所禁止的之外），并且可以执行所有指令。

在特权级下的程序可以为所欲为，但也可能会把自己给玩进去——切换到用户级。一旦进入用户级，再想回来就得走“法律程序”了——用户级的程序不能简简单单地试图改写 CONTROL 寄存器就回到特权级，它必须先“申诉”：执行一条系统调用指令（SVC）。这会触发 SVC 异常，然后由异常服务例程（通常是操作系统的一部分）接管，如果批准了进入，

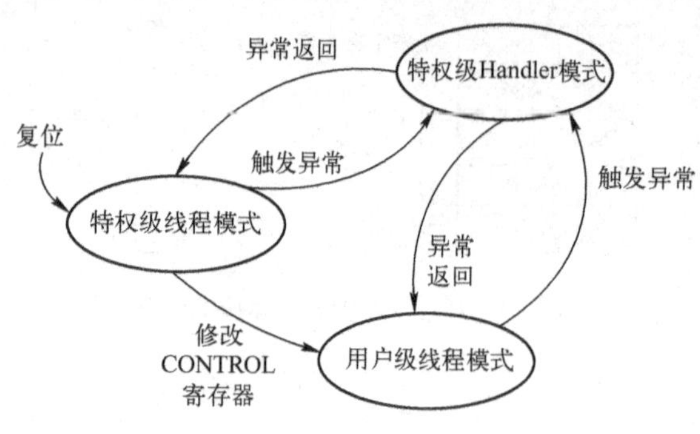

图 2.4　合法的操作模式转换图

则异常服务例程修改 CONTROL 寄存器，才能在用户级的线程模式下重新进入特权级。

事实上，从用户级到特权级的唯一途径就是异常。如果在程序执行过程中触发了一个异常，处理器总是先切换入特权级，并且在异常服务例程执行完毕退出时，返回先前的状态（也可以手工指定返回的状态）。合法的操作模式转换流程见图 2.4。

通过引入特权级和用户级，就能够在硬件水平上限制某些不受信任的，或者还没有调试好的程序，不让它们随便地配置涉及要害的寄存器，因而系统的可靠性得到了提高。进一步地，如果配置了 MPU，它还可以作为特权机制的补充——保护关键的存储区域不被破坏，这些区域通常是操作系统的区域。

举例来说，操作系统的内核通常都在特权级下执行，所有没有被 MPU 禁止的存储器都可以访问。在操作系统开启了一个用户程序后，通常都会让它在用户级下执行，从而使系统不会因某个程序的崩溃或恶意破坏而受损。

2.6 内建的嵌套向量中断控制器

Cortex - M3 在内核水平上搭载了一颗中断控制器——嵌套向量中断控制器 NVIC（Nested Vectored Interrupt Controller）。它与内核有很深的“私交”——与内核是紧耦合的。NVIC 提供了以下功能：

- 可嵌套中断支持；
- 向量中断支持；
- 动态优先级调整支持；
- 中断延迟大大缩短；
- 中断可屏蔽。

1. 可嵌套中断支持

可嵌套中断支持的作用范围很广，覆盖了所有的外部中断和绝大多数系统异常。外在表现是，这些异常都可以被赋予不同的优先级。当前优先级被存储在 xPSR 的专用字段中。当一个异常发生时，硬件会自动比较该异常的优先级是否比当前的异常优先级更高。如果发现来了更高优先级的异常，处理器就会中断当前的中断服务例程（或者普通程序），而服务新来的异常，即立即抢占。

2. 向量中断支持

当开始响应一个中断后，Cortex - M3 会自动定位一张向量表，并且根据中断号从表中找出 ISR 的入口地址，然后跳转过去执行。不需要像以前的 ARM 那样，由软件来分辨到底是哪个中断发生了，不需要半导体厂商提供私有的中断控制器来完成这种工作。这么一来，中断延迟时间大为缩短。

3. 动态优先级调整支持

软件可以在运行时期更改中断的优先级。如果在某 ISR 中修改了自己所对应中断的优先级，而且这个中断又有新的实例处于等待中（pending），也不会自己打断自己，从而没有重入风险。所谓的重入，就是指某段子程序还没有执行完，就因为中断或者多任务操作系统的调度原因，导致该子程序在一个新的任务中被执行。这种情况常常会闹出乱子，因此有“可重入性”的研究。

4. 中断延迟大大缩短

Cortex－M3 为了缩短中断延迟，引入了好几个新特性。包括自动的现场保护和恢复，以及其他的措施，用于缩短中断嵌套时的 ISR 间延迟。

5. 中断可屏蔽

既可以屏蔽优先级低于某个阈值的中断/异常，也可以全体封杀（设置 PRIMASK 和 FAULTMASK 寄存器）。这是为了让时间关键（Time－critical）的任务能在死线（Deadline，或最后期限）到来前完成，而不被干扰。

2.7 存储器映射

总体来说，Cortex－M3 支持 4GB 存储空间，如图 2.5 所示，可以被划分成若干区域。

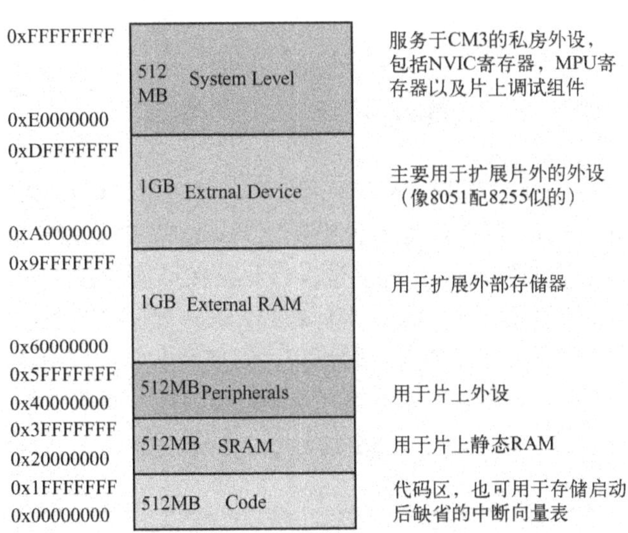

图 2.5　存储器划分

从图中可见，不像其他的 ARM 架构，它们的存储器映射由半导体厂家说了算，Cortex－M3 预先定义好了“粗线条的”存储器映射。通过把片上外设的寄存器映射到外设区，就可以简单地用访问内存的方式来访问这些外设的寄存器，从而控制外设的工作。结果，片上外设可以使用 C 语言来操作了。这种预定义的映射关系，也使得我们能够对访问速度进行高度的优化，而且对于片上系统的设计而言更易于集成。

Cortex - M3 的内部拥有一个总线基础设施，专门用于优化这种存储器结构。在此之上，CORTEX - M3 甚至还允许这些区域之间“越权使用”。比如说，数据存储器也可以被放到代码区，而且代码也能够在外部 RAM 区中执行。

处于最高地址的系统级存储区，是 Cortex - M3 用于藏“私房钱”的——包括中断控制器、MPU ，以及各种调试组件。所有这些设备均使用固定的地址。通过把基础设施的地址定死，至少在内核水平上，为应用程序的移植扫清了障碍。

2.8 总线接口

Cortex - M3 内部有若干个总线接口，以便于 Cortex - M3 能同时取址和访内（访问内存），这些总线接口分别是：

- 指令总线（两条）；
- 系统总线；
- 私有外设总线。

两条指令总线负责对代码存储区的访问，分别是 I - Code 总线和 D - Code 总线。前者用于取指，后者用于查表等操作，它们按最佳执行速度进行优化。系统总线用丁访问内存和外设，覆盖的区域包括 SRAM，片上外设，片外 RAM 和扩展设备，以及系统级存储区的部分空间。

私有外设总线负责一部分私有外设的访问，主要就是访问调试组件。它们也在系统级存储区。

2.9 存储器保护单元（MPU）

Cortex - M3 有一个可选的存储器保护单元。配上它之后，就可以对特权级访问和用户级访问分别施加不同的访问限制。当检测到犯规（Violated）时，MPU 就会产生一个 Fault 异常，可以由 Fault 异常的服务例程来分析该错误，并且在可能时改正它。MPU 有很多用法。最常见的就是由操作系统使用 MPU，以使特权级代码的数据，包括操作系统本身的数据，不被其他用户程序弄坏。MPU 在保护内存时是按区管理的。它可以把某些内存 Rgion 设置成只读，从而避免了那里的内容被意外地更改；还可以在多任务系统中把不同任务之间的数据区隔离。一句话，它会使嵌入式系统变得更加健壮，更加可靠。

2.10 指令集

Cortex - M3 只使用 Thumb - 2 指令集。这是个了不起的突破，因为它允许 32 位指令和 16 位指令水乳交融，代码密度与处理性能两手抓，两手都硬。而且虽然它很强大，却依然易于使用。在过去，做 ARM 开发必须处理好两个状态。这两个状态是井水不犯河水的，它们是：32 位的 ARM 状态和 16 位的 Thumb 状态。当处理器在 ARM 状态下时，所有的指令均是 32 位的（哪怕只是个“NOP”指令），此时性能相当高。而在 Thumb 状态下，所有的指令均是 16 位的，代码密度提高了一倍。不过 Thumb 状态下的指令功能只是 ARM 下的一个子集，结果可能需要更多条的指令去完成相同的工作，导致处理性能下降。

为了取长补短，很多应用程序都混合使用 ARM 和 Thumb 代码段。然而，这种混合使用是有额外开销（Overhead）的，时间上的和空间上的都有，主要发生在状态切换之时，如图 2.6 所示。另一方面，ARM 代码和 Thumb 代码需要以不同的方式编译，这也增加了软件开发管理的复杂度。

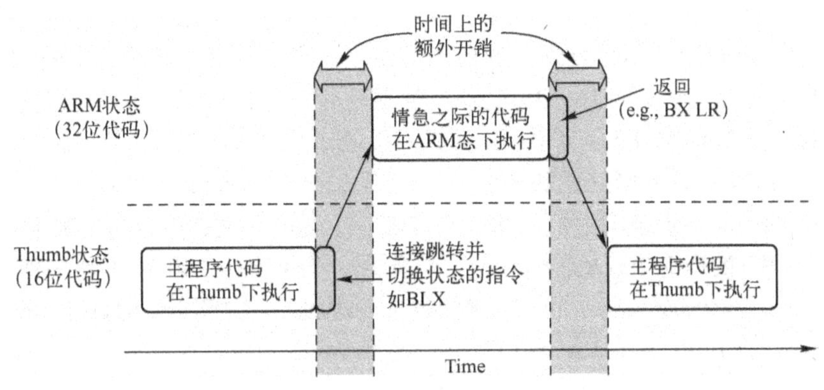

图 2.6　状态切换模式图

伴随着 Thumb－2 指令集的横空出世，终于可以在单一的操作模式下搞定所有处理了，再也没有来回切换的事来烦你了。事实上，Cortex－M3 内核干脆都不支持 ARM 指令，中断也在 Thumb 态下处理（以前的 ARM 总是在 ARM 状态下处理所有的中断和异常）。这可不是小便宜，它使 Cortex－M3 在好几个方面都比传统的 ARM 处理器更先进：

（1）消灭了状态切换的额外开销，节省了 both 执行时间和指令空间。

（2）不再需要把源代码文件分成按 ARM 编译的和按 Thumb 编译的类型了，软件开发的管理大大减负。

（3）无须再反复地求证和测试：究竟该在何时何地切换到何种状态下，我的程序才最有效率。因而开发软件容易多了。

不少有趣和强大的指令为 Cortex－M3 注入了新鲜的青春血液，下面给出几个例子：

（1）UBFX，BFI，BFC：位段提取，位段插入，位段清零。支持 C 位段，简化了外设寄存器操作。

（2）CLZ，RBIT：计算前导零指令和位反转指令。二者组合使用能实现一些特技。

（3）UDIV，SDIV：无符号除法和带符号除法指令。

（4）SEV，WFE，WFI：发送事件，等待事件以及等待中断指令。用于实现多处理器之间的任务同步，还可以进入不同的休眠模式。

（5）MSR，MRS：通向禁地——访问特殊功能寄存器。

因为 Cortex－M3 专注于最新的 Thumb－2，旧的应用程序需要移植和重建。对于大多数 C 源程序，只需简单地重新编译就能重建，汇编代码则可能需要大面积地修改和重写，才能使用 CORTEX－M3 的新功能，并且融入 CORTEX－M3 新引入的统一汇编器框架（Unified Assembler Framework）中。

请注意：CORTEX－M3 并不支持所有的 Thumb－2 指令，ARMv7－M 的规格书只要求实现 Thumb-2 的一个子集。举例来说，协处理器指令就被裁掉了（可以使用外部的数据处理引擎来替代）。CORTEX-M3 也没有实现 SIMD 指令集。旧时代的一些 Thumb 指令不再需要，因此也被排除。不支持的指令还包括 v6 中的 SETEND 指令。

2.11 中断和异常

ARMv7-M 开创了一个全新的异常模型，CORTEX-M3 采用了它。请你一定要划清界限：这种异常模型跟传统 ARM 处理器的使用可说完全是两码事。新的异常模型“使能”了非常高效的异常处理。它支持 16-4-1=11 种系统异常（保留了 4+1 个挡位），外加 240 个外部中断输入。在 CORTEX-M3 中取消了 FIQ 的概念（v7 前的 ARM 都有这个 FIQ，快中断请求），因为有了更新更好的机制——中断优先级管理及嵌套中断支持，它们被纳入 CORTEX-M3 的中断管理逻辑中。因此，支持嵌套中断的系统就更容易实现 FIQ。

CORTEX-M3 的所有中断机制都由 NVIC 实现。除了支持 240 条中断之外，NVIC 还支持 16-4-1=11 个内部异常源，可以实现 Fault 管理机制。结果，CORTEX-M3 就有了 256 个预定义的异常类型，见表 2.2。

表 2.2　Cortex-M3 异常类型

编号	类　型	优先级	简　介
0	N/A	N/A	没有异常在运行
1	复位	-3（最高）	复位
2	NMI	-2	不可屏蔽中断（来自外部 NMI 输入脚）
3	硬（hard）Fault	-1	所有被除能的 Fault，都将“上访”成硬 Fault
4	MemManage Fault	可编程	存储器管理 Fault，MPU 访问犯规及访问非法位置
5	总线 Fault	可编程	总线错误（预取流产（Abort）或数据流产）
6	用法（usage）Fault	可编程	由于程序错误导致的异常
7-10	保留	N/A	N/A
11	SVCall	可编程	系统服务调用
12	调试监视器	可编程	调试监视器（断点，数据观察点，或者是外部调试请求）
13	保留	N/A	N/A
14	PendSV	可编程	为系统设备而设的“可悬挂请求”（pendable request）
15	SysTick	可编程	系统滴答定时器（也就是周期性溢出的时基定时器）

虽然 CORTEX-M3 支持 240 个外中断，但具体使用了多少个是由芯片生产商决定的。CORTEX-M3 还有一个 NMI（不可屏蔽中断）输入脚。当它被置为有效（Assert）时，NMI 服务例程会无条件地执行。

第3章 Cortex-M3控制器及外围硬件简介

3.1 STM32 简介

STM32 系列 Cortex - M3 微控制器，专门用于高性能、低成本和低功耗的嵌入式应用。ARM Cortex - M3 作为新一代内核，它可提供系统增强型特性，例如现代化调试特性和支持更高级别的块集成。

STM32 系列 Cortex - M3 微控制器的操作频率可达 72MHz。ARM Cortex - M3 CPU 具有 3 级流水线和哈佛结构，带独立的本地指令和数据总线，以及用于外设的稍微低性能的第三条总线。ARM Cortex - M3 CPU 还包含一个支持随机跳转的内部预取指单元。

STM32 系列 Cortex - M3 微控制器的外设组件包含高达 512KB 的 Flash 存储器、64KB 的数据存储器、以太网 MAC、USB 主机/从机/OTG 接口、8 通道的通用 DMA 控制器、4 个 UART、2 条 CAN 通道、2 个 SSP 控制器、SPI 接口、3 个 IIC 接口、2 输入和 2 输出的 IIS 接口、8 通道的 12 位 ADC、10 位 DAC、电机控制 PWM、正交编码器接口、4 个通用定时器、6 输出的通用 PWM、带独立电池供电的超低功耗 RTC 和多达 70 个的通用 I/O 引脚。

3.2 STM32F103RBT6 特性

本书 MCU 基于 Cortex M3 芯片 STM32F103RBT6，该芯片的特性情况如下。

1. 内核

- ARM 32 位的 Cortex™ - M3 CPU；
- 最高 72MHz 工作频率，在存储器的 0 等待周期访问时可达 1.25DMIPS/MHz；
- 单周期乘法和硬件除法。

2. 存储器

- 64K 或 128K 字节的闪存程序存储器；
- 高达 20K 字节的 SRAM。

3. 时钟、复位和电源管理

- 2.0～3.6 V 供电和 I/O 引脚；
- 上电/断电复位（POR/PDR）、可编程电压监测器（PVD）；
- 4～16MHz 晶体振荡器；
- 内嵌经出厂调校的 8MHz 的 RC 振荡器；
- 内嵌带校准的 40kHz 的 RC 振荡器；
- 产生 CPU 时钟的 PLL；
- 带校准功能的 32kHz RTC 振荡器。

4. 低功耗

- 睡眠、停机和待机模式；
- VBAT 为 RTC 和后备寄存器供电。

5. 2 个 12 位模数转换器

- 1μs 转换时间（多达 16 个输入通道）；
- 转换范围：0 至 3.6V；
- 双采样和保持功能；
- 温度传感器。

6. DMA

- 7 通道 DMA 控制器；
- 支持的外设：定时器、ADC、SPI、I^2C 和 USART；
- 多达 80 个快速 I/O 端口；
- 51 个 I/O 口，所有 I/O 口可以映射到 16 个外部中断；
- 几乎所有端口均可容忍 5V 信号。

7. 调试模式

- 串行单线调试（SWD）和 JTAG 接口。

8. 多达 7 个定时器

- 3 个 16 位定时器，每个定时器有多达 4 个用于输入捕获/输出比较/PWM 或脉冲计数的通道和增量编码输入；
- 1 个 16 位带死区控制和紧急刹车，用于电机控制的 PWM 高级控制定时器；
- 2 个看门狗定时器（独立的和窗口型的）；
- 系统时间定时器：24 位自减型计数器。

9. 多达 8 个通信接口

- 多达 2 个 I^2C 接口（支持 SMBus/PMBus）；
- 多达 3 个 USART 接口（支持 ISO7816 接口、LIN、IrDA 接口和调制解调控制）；
- 1 个 SPI 接口（18M 位/秒）；
- CAN 接口（2.0B 主动）；
- USB 2.0 全速接口。

10. CRC 计算单元

3.3 订购信息

表 3.1 所示为订购信息。

表 3.1　订购信息

外　设		STM32F103Tx	STM32F103Cx		STM32F103Rx		STM32F103Vx	
闪存（K 字节）		64	64	128	64	128	64	128
SRAM（K 字节）		20	20	20	20		20	
定时器	通用	3 个（TIM2、TIM3、TIM4）						
	高级控制	1 个（TIM1）						
通信接口	SPI	1 个（SPI1）	2 个（SPI1、SPI2）					
	I^2C	1 个（I^2C1）	2 个（I^2C1、I^2C2）					
	USART	2 个（USART1、USART2）	3 个（USART1、USART2、USART3）					
	USB	1 个（USB 2.0 全速）						
	CAN	1 个（2.0B 主动）						
GPIO 端口		26	37		51		80	
12 位 ADC 模块（通道数）		2（10）	2（10）		2（16）		2（16）	
CPU 频率		72MHz						
工作电压		2.0～3.6V						
工作温度		环境温度：-40℃～+85℃/-40℃～+105℃ 结温度：-40℃～+125℃						
封装形式		VFQFPN36	LQFP48		LQFP64 TFBGA64		LQFP100 LFBGA100	

3.4 STM32 系列内部结构方框图

STM32 系列内部结构方框图如图 3.1 所示。

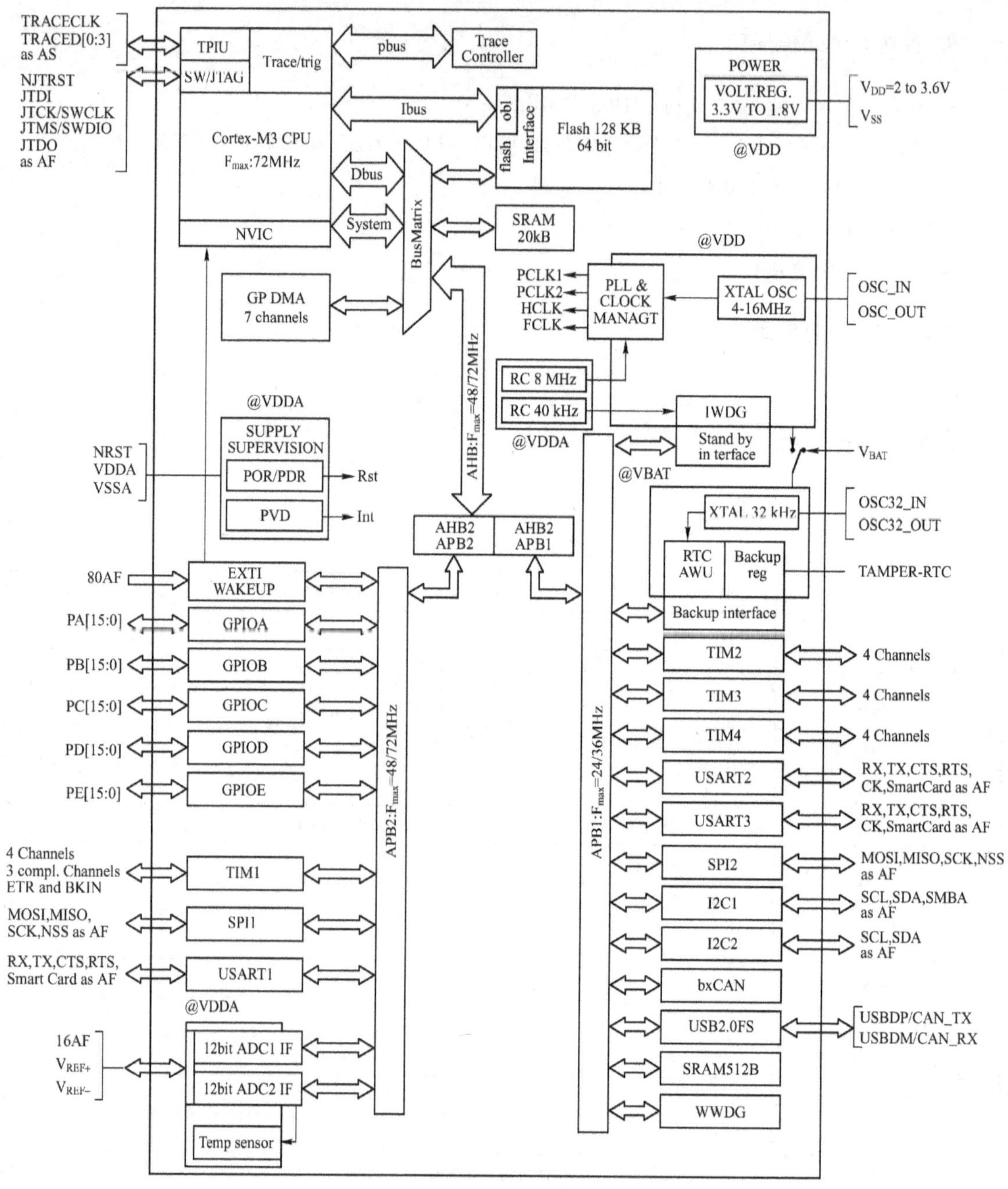

图 3.1　STM32 系列内部结构方框图

3.5 外围硬件介绍

（1）CPU STM32F103RBT6 硬件电路图如图 3.2 所示。

（2）电源电路如图 3.3 所示。

（3）晶振电路如图 3.4 所示。

（4）复位电路如图 3.5 所示。

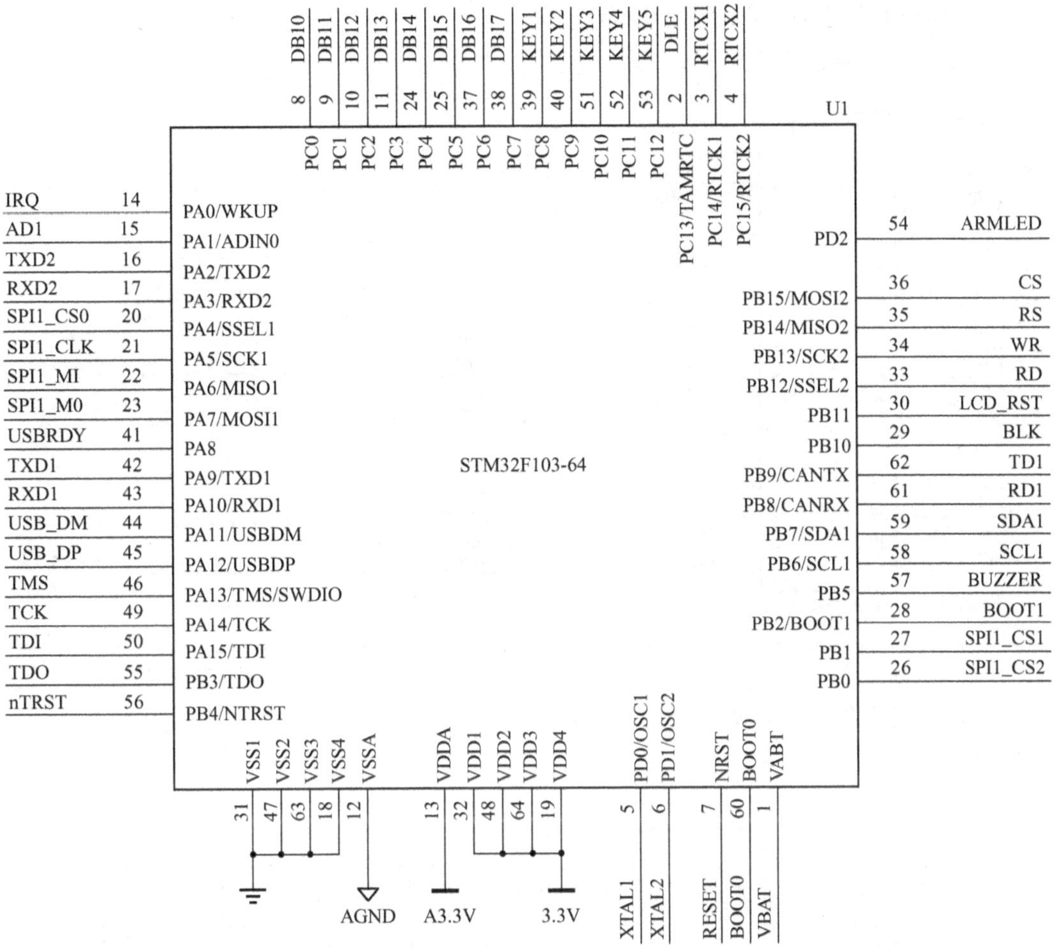

DB10 DB11 DB12 DB13 DB14 DB15 DB16 DB17 KEY1 KEY2 KEY3 KEY4 KEY5 DLE RTCX1 RTCX2
8 9 10 11 24 25 37 38 39 40 51 52 53 2 3 4
PC0 PC1 PC2 PC3 PC4 PC5 PC6 PC7 PC8 PC9 PC10 PC11 PC12 PC13/TAMRTC PC14/RTCK1 PC15/RTCK2
U1
IRQ 14 PA0/WKUP
AD1 15 PA1/ADIN0
TXD2 16 PA2/TXD2
RXD2 17 PA3/RXD2
SPI1_CS0 20 PA4/SSEL1
SPI1_CLK 21 PA5/SCK1
SPI1_MI 22 PA6/MISO1
SPI1_M0 23 PA7/MOSI1
USBRDY 41 PA8
TXD1 42 PA9/TXD1
RXD1 43 PA10/RXD1
USB_DM 44 PA11/USBDM
USB_DP 45 PA12/USBDP
TMS 46 PA13/TMS/SWDIO
TCK 49 PA14/TCK
TDI 50 PA15/TDI
TDO 55 PB3/TDO
nTRST 56 PB4/NTRST
STM32F103-64
PD2 54 ARMLED
PB15/MOSI2 36 CS
PB14/MISO2 35 RS
PB13/SCK2 34 WR
PB12/SSEL2 33 RD
PB11 30 LCD_RST
PB10 29 BLK
PB9/CANTX 62 TD1
PB8/CANRX 61 RD1
PB7/SDA1 59 SDA1
PB6/SCL1 58 SCL1
PB5 57 BUZZER
PB2/BOOT1 28 BOOT1
PB1 27 SPI1_CS1
PB0 26 SPI1_CS2
VSS1 VSS2 VSS3 VSS4 VSSA VDDA VDD1 VDD2 VDD3 VDD4 PD0/OSC1 PD1/OSC2 NRST BOOT0 VABT
31 47 63 18 12 13 32 48 64 19 5 6 7 60 1
AGND A3.3V 3.3V XTAL1 XTAL2 RESET BOOT0 VBAT

图 3.2　CPU STM32F103RBT6

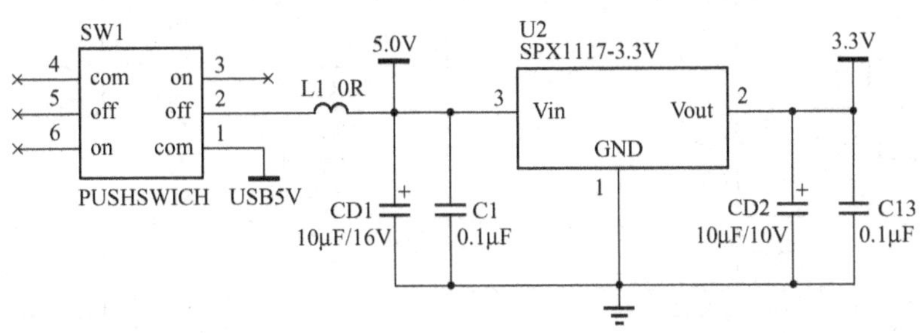

图 3.3　电源电路

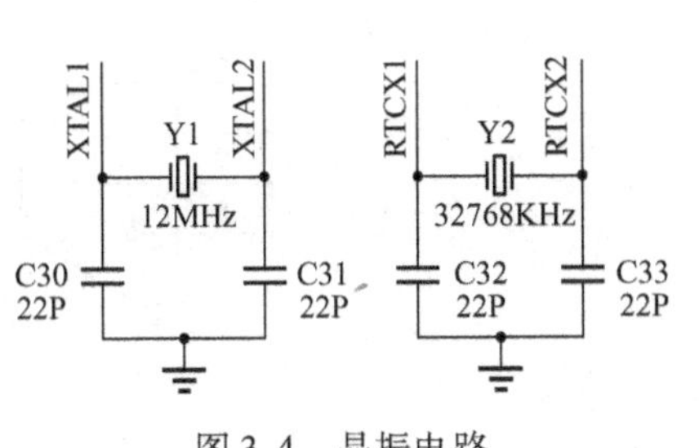

图 3.4　晶振电路

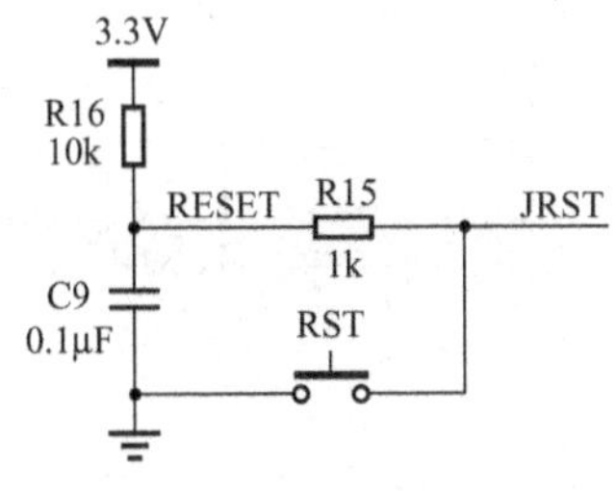

图 3.5　复位电路

（5）LCD 显示接口电路如图 3.6 所示。

（6）独立按键如图 3.7 所示。

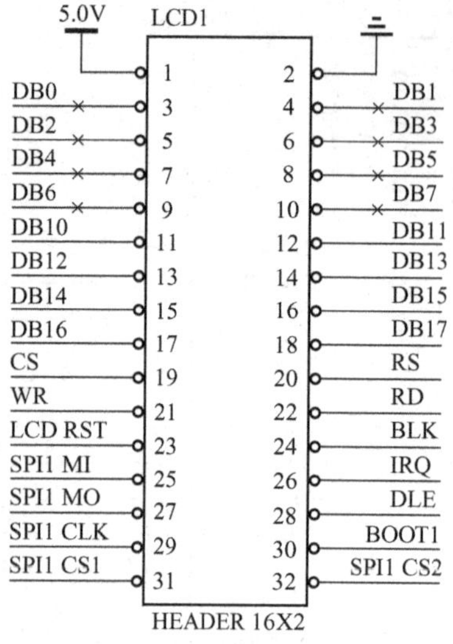

图 3.6　LCD 显示接口电路

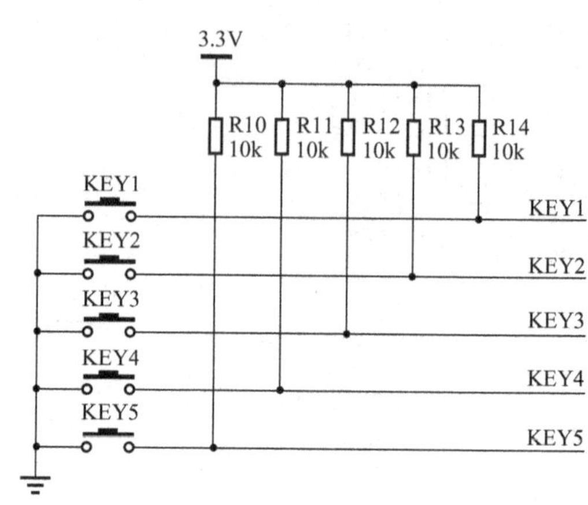

图 3.7　独立按键

（7）串口电路如图 3.8 所示。

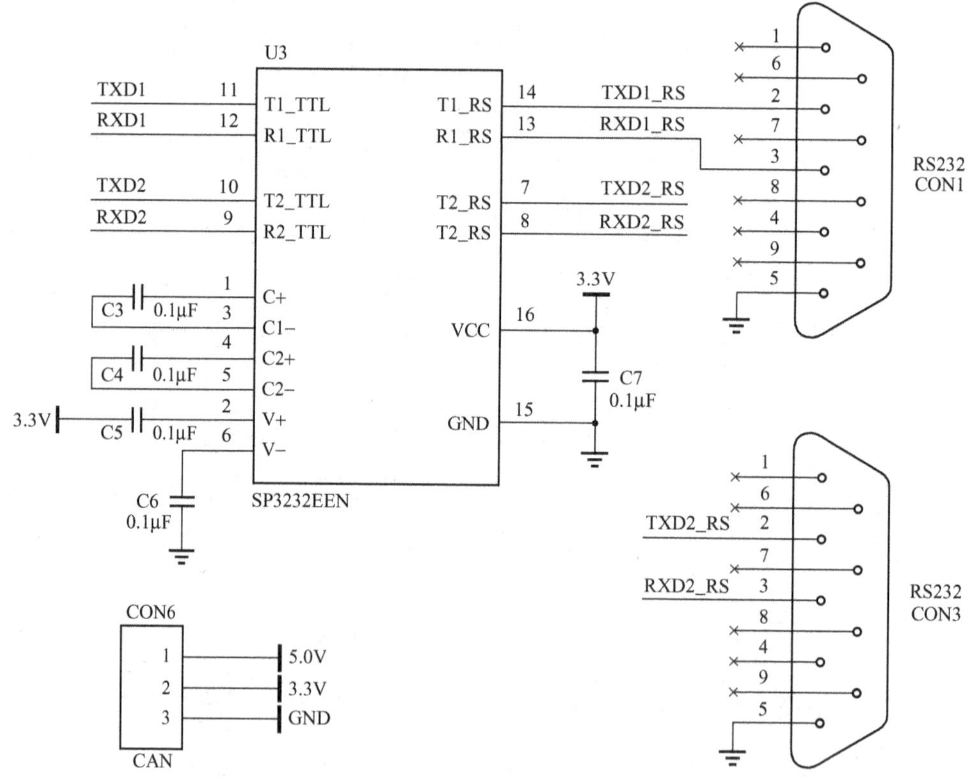

图 3.8　串口电路

（8）蜂鸣器电路如图 3.9 所示。

（9）RTC 供电电路如图 3.10 所示。

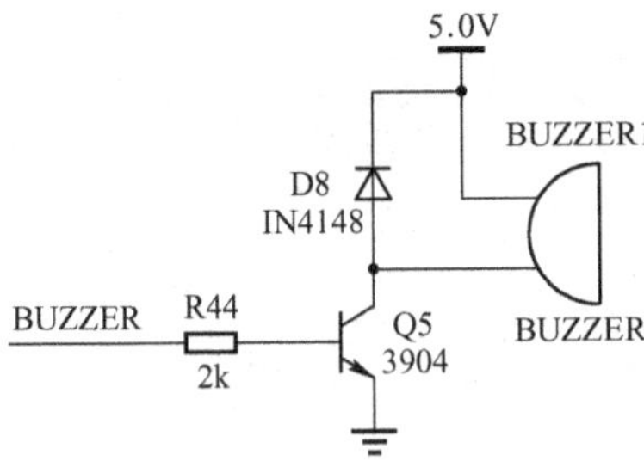

图 3.9　蜂鸣器电路

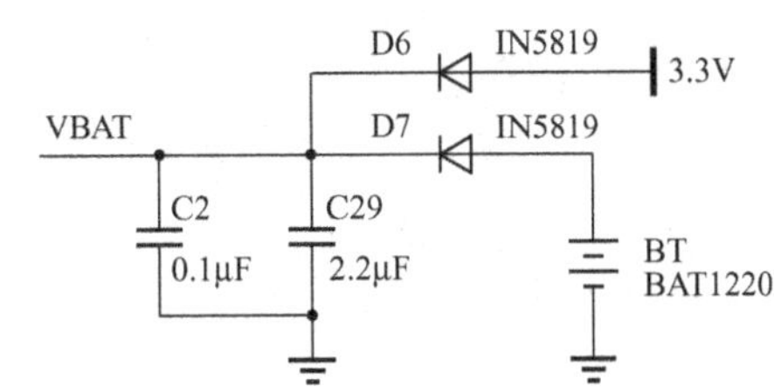

图 3.10　RTC 供电电路

（10）JTAG 仿真调试电路如图 3.11 所示。

（11）AT24C02 硬件电路如图 3.12 所示。

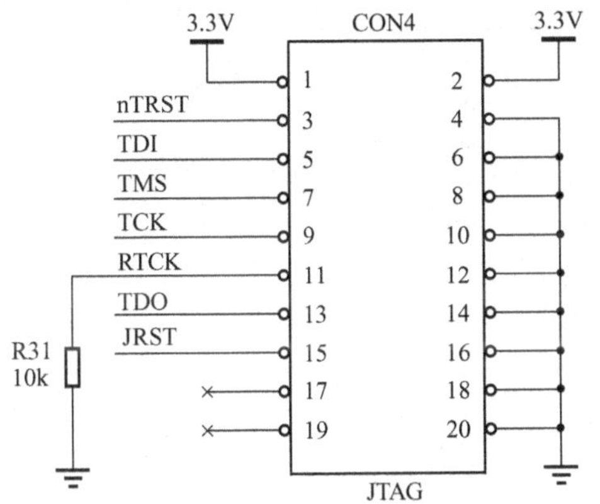

图 3.11　JTAG 仿真调试电路

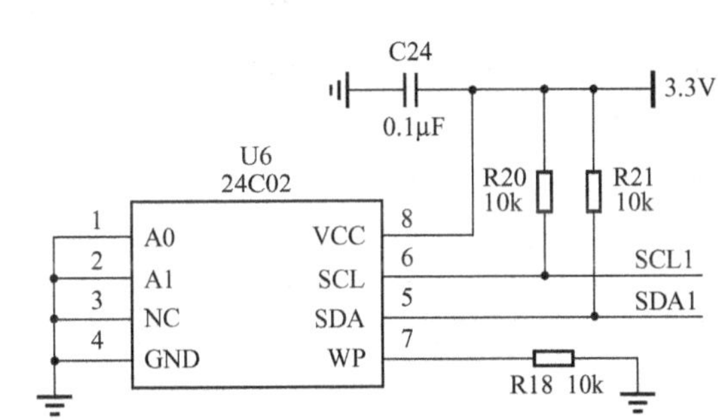

图 3.12　AT24C02 硬件电路

（12）SPI Flash 通信电路如图 3.13 所示。

（13）AD 采样电路如图 3.14 所示。

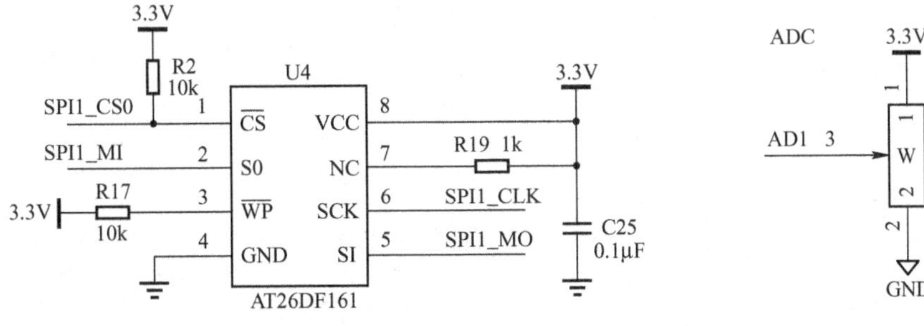

图 3.13　SPI Flash 通信电路

图 3.14　AD 采样电路

（14）USB 接口电路如图 3.15 所示。

（15）CAN 总线电路如图 3.16 所示。

备注：完整开发板硬件电路图可参见配套资料《STM32F103 原理图》。

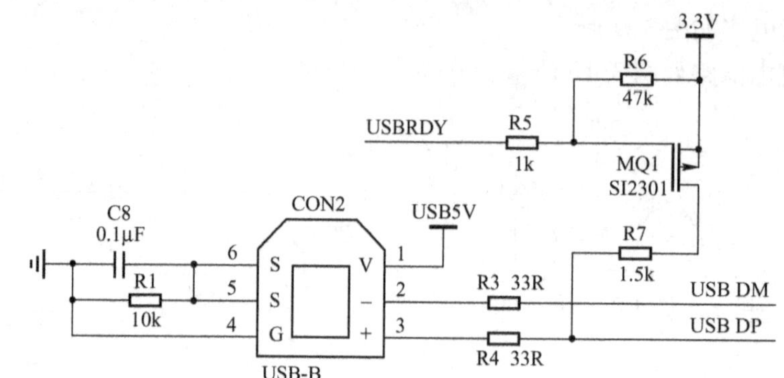

图 3. 15　USB 接口

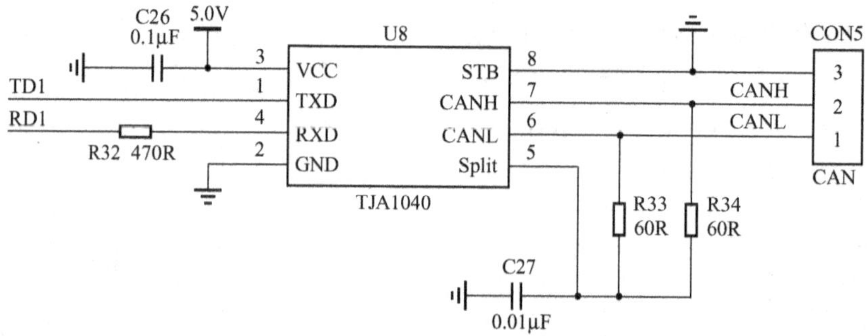

图 3. 16　CAN 总线电路

第 4 章

指令集和时钟

4.1 Thumb－2 指令集介绍

Cortex－M3 处理器支持 Thumb－2 指令集，与采用传统 Thumb 指令集的 ARM7 相比，避免了 ARM 状态与 Thumb 状态来回转换所带来的额外开销，所有工作都可以在单一的 Thumb 状态下进行处理，包括中断异常处理。

Cortex－M3 处理器支持的 Thumb－2 指令集，基于精简指令集计算机（RISC）的原理设计，是 16 位 Thumb 指令集的一个超集，同时支持 16 位和 32 位指令，指令集和相关译码机制较为简单，在一定程度上降低了软件的开发难度。

4.2 指令格式

指令的基本格式如下：

<指令助记符> {<执行条件>} {s} <目标寄存器>, <操作数 1 的寄存器>{, <第 2 操作数>}

其中，< >内的项是必须的，{} 内的内容是可选的。

指令格式举例：

```
LDR R0,[R1];          将 R1 中的内容放入 R0 中
LDREQ R0,[R1];        当 Z==1 时才执行此条指令,将 R1 中的内容放入 R0 中
```

注：由于 ARM 指令较多，这里不一一讲述每条指令功能，详细指令见 Cortex 指令手册。

4.3 Cortex－M3 时钟控制

STM32 系列时钟控制如图 4.1 所示。

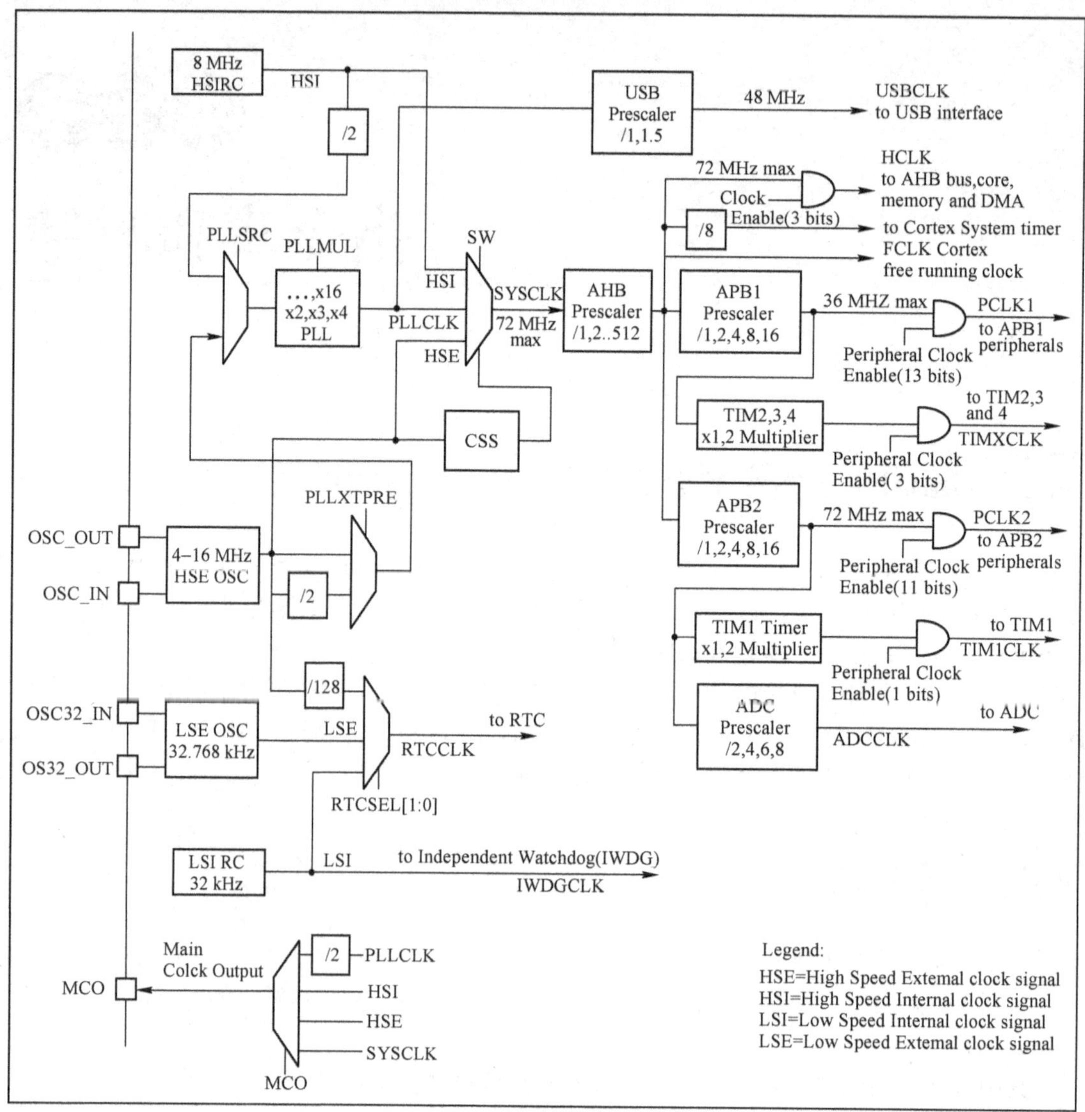

图 4.1 STM32 系列时钟控制

第 5 章 GPIO实验

5.1 GPIO 简介

GPIO（General Purpose Input Output）接口是指通用输入/输出端口。通俗地说，就是芯片引脚，可以能过它们输出高电平或者低电平，也可以通过它们读入引脚的电平状态——是高电平还是低电平。

STM32F103ZET6 芯片共有 112 个 I/O 端口，共 7 组：GPIOA、GPIOB、...、GPIOG，每组端口分为 0 ～ 15，共 16 个不同的引脚。可以通过设置寄存器来确定某个引脚用于输入、输出还是其他特殊功能。比如，可以设置 GPIOA. 6 作为一般的输入、输出引脚，或者用于串口。

5.2 GPIO 功能特点

每个 GPIO 端口都配有 2 个 32 位配置寄存器，2 个 32 位数据寄存器，1 个 32 位置位/复位寄存器，1 个 16 位复位寄存器和 1 个 32 位锁定寄存器。寄存器名称和对应的功能见表 5. 1。

表 5. 1　GPIO 寄存器功能表

寄存器名称	寄存器功能
GPIOx_CRL（低位）、GPIOx_CRH（高低）	配置功能寄存器
GPIOx_IDR、GPIOx_ODR	输入、输出数据寄存器
GPIOx_BSRR	位设置或清除寄存器
GPIOx_BRR	位清除寄存器
GPIOx_LCKR	锁存功能寄存器

GPIO 引脚的每个位可以由软件配置成以下几种模式：

—输入浮空；

—输入上拉；

—输入下拉；

—模拟输入；

—开漏输出；
—推挽式输出；
—推挽式复用功能；
—开漏复用功能。

每个I/O端口位可以自由编程，然而I/O端口寄存器必须按32位字被访问（不允许半字或字节访问）。GPIOx_BSRR和GPIOx_BRR寄存器允许对任何GPIO寄存器的读/更改的独立访问；这样，在读和更改访问之间产生IRQ时不会发生危险。

图5.1给出了一个I/O端口位的基本结构。

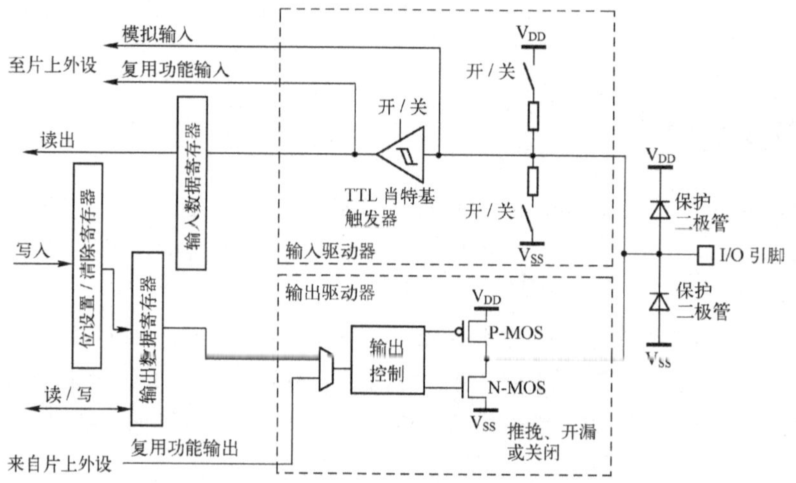

图 5.1　I/O 端口位的基本结构

5伏兼容I/O端口位的基本结构，与普通I/O相比，箝位保护不同。

由图5.2所示，VDD_FT　对5伏兼容I/O脚是特殊的，它与VDD不同。STM32的I/O端口位配置表与输出模式配置，见表5.2和表5.3。

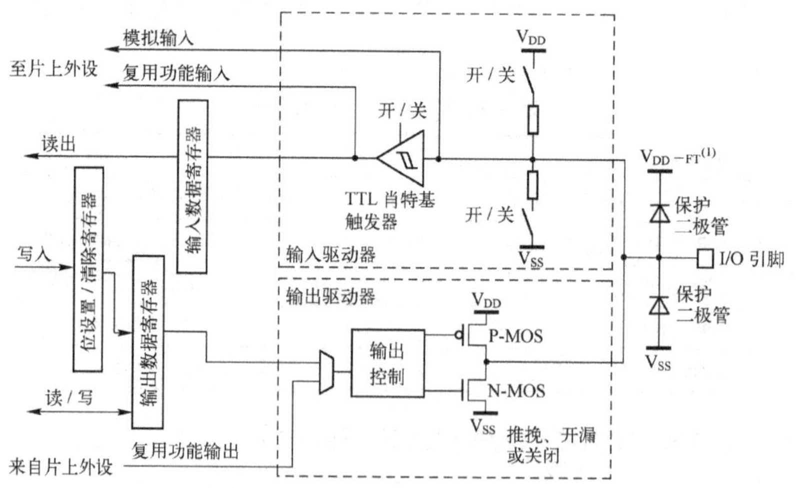

图 5.2　5 伏兼容 I/O 端口位的基本结构

表 5.2　STM32 的 I/O 端口位配置表

配置模式		CNF1	CNF0	MODE1	MODE0	PxODR 寄存器
通用输出	推挽（Push - Pull）	0	0	01 00 11		0 或 1
	开漏（Open - Drain）		1			0 或 1
复用输出	推挽（Push - Pull）	1	0			不使用
	开漏（Open - Drain）		1			不使用
输入	模拟输入	0	0	00		不使用
	浮空输入		1			不使用
	下拉输入	1	0			0
	上拉输入		1			1

表 5.3　STM32 输出模式配置

MODE[1:0]	意　　义	MODE[1:0]	意　　义
00	保留	10	最大输出速度为 20MHz
01	最大输出速度为 10MHz	11	最大输出速度为 50MHz

特别说明：做为上拉输入时 PxODR 寄存器对应位必须写 1，下拉输入时 PxODR 寄存器对应位必须写 0，上拉输入等于接内部电阻到 VDD，下拉输入等于接内部电阻到 GND，浮空就是什么都不接。

注意：每个 I/O 端口位可以自由编程，然而 I/O 端口寄存器必须按 32 位字被访问（不允许半字或字节访问）。GPIOx_BSRR 和 GPIOx_BRR 寄存器允许对任何 GPIO 寄存器的读/更改的独立访问；这样，在读和更改访问之间产生 IRQ 时不会发生危险。

5.3　与 GPIO 相关的寄存器

1. 端口置低寄存器（GPIOx_CRL）（x = A，…，E）

31 30	29 28	27 26	25 24	23 22	21 20	19 18	17 16
CNF7[1:0]	MODE7[1:0]	CNF6[1:0]	MODE6[1:0]	CNF5[1:0]	MODE5[1:0]	CNF4[1:0]	MODE4[1:0]
rw	rw	rw	rw	rw	rw	rw	rw

15 14	13 12	11 10	9 8	7 6	5 4	3 2	1 0
CNF3[1:0]	MODE3[1:0]	CNF2[1:0]	MODE2[1:0]	CNF1[1:0]	MODE1[1:0]	CNF0[1:0]	MODE0[1:0]
rw	rw	rw	rw	rw	rw	rw	rw

位 31:30 27:26 23:22 19:18 15:14 11:10 7:6 3:2	CNFy[1:0]：端口 x 配置位（y=8，…，15）(Port x configuration bits) 软件通过这些位配置相应的 I/O 端口，请参考表 5.2 端口位配置表。 在输入模式（MODE[1:0]=00）： 00：模拟输入模式 01：浮空输入模式（复位后的状态） 10：上拉/下拉输入模式 11：保留 在输出模式（MODE[1:0]>00）： 00：通用推挽输出模式 01：通用开漏输出模式 10：复用功能推挽输出模式 11：复用功能开漏输出模式
位 29:28 25:24 21:20 17:16 13:12 9:8, 5:4 1:0	MODEy[1:0]：端口 x 的模式位（y=8，…，15）(Port x mode bits) 软件通过这些位配置相应的 I/O 端口，请参考表 5.2 端口位配置表。 00：输入模式（复位后的状态） 01：输出模式，最大速度 10MHz 10：输出模式，最大速度 2MHz 11：输出模式，最大速度 50MHz

该寄存器的复位值为 0X4444 4444，可以看到，复位值其实就是配置端口为浮空输入模式。从上图还可以得出：STM32 的 CRL 控制着每个 I/O 端口（A ～ G）的低 8 位的模式。每个 I/O 端口的位占用 CRL 的 4 个位，高两位为 CNF，低两位为 MODE。这里我们可以记住几个常用的配置，比如 0X0 表示模拟输入模式（ADC 用）、0X3 表示推挽输出模式（做输出口用，50MHz 速率）、0X8 表示上/下拉输入模式（做输入口用）、0XB 表示复用输出（使用 I/O 口的第二功能，50MHz 速率）。

例如我们要设置 GPIOC 的 4 位为上拉输入，5 位为推挽输出。代码如下：

```
GPIOC->CRL &=0XFF00FFFF;          //清除相关位原来的设置
GPIOC->CRL |=0X00380000;          //PC4 上/下拉输入,PC5 推挽输出
GPIOC->ODR |=0X01<<5;             //PC4 上拉输入
```

通过这 3 句话的配置，我们就设置了 PC4 为上拉输入，PC5 为推挽输出。

2. 端口配置高寄存器（GPIOx_CRH）（x=A，…，E）

31 30	29 28	27 26	25 24	23 22	21 20	19 18	17 16
CNF7[1:0]	MODE7[1:0]	CNF6[1:0]	MODE6[1:0]	CNF5[1:0]	MODE5[1:0]	CNF4[1:0]	MODE4[1:0]
rw	rw	rw	rw	rw	rw	rw	rw

15 14	13 12	11 10	9 8	7 6	5 4	3 2	1 0
CNF3[1:0]	MODE3[1:0]	CNF2[1:0]	MODE2[1:0]	CNF1[1:0]	MODE1[1:0]	CNF0[1:0]	MODE0[1:0]
rw	rw	rw	rw	rw	rw	rw	rw

位 31:30 27:26 23:22 19:18 15:14 11:10 7:6 3:2	CNFy[1:0]：端口 x 配置位（y=8，…，15）(Port x configuration bits) 软件通过这些位配置相应的 I/O 端口，请参考表 5.2 端口位配置表。 在输入模式（MODE[1:0]=00)： 00：模拟输入模式 01：浮空输入模式（复位后的状态） 10：上拉/下拉输入模式 11：保留 在输出模式（MODE[1:0]>00)： 00：通用推挽输出模式 01：通用开漏输出模式 10：复用功能推挽输出模式 11：复用功能开漏输出模式
位 9:28 25:24 21:20 17:16 13:12 9:8，5:4 1:0	MODEy[1:0]：端口 x 的模式位（y=8，…，15）(Port x mode bits) 软件通过这些位配置相应的 I/O 端口，请参考表 5.2 端口位配置表。 00：输入模式（复位后的状态） 01：输出模式，最大速度 10MHz 10：输出模式，最大速度 2MHz 11：输出模式，最大速度 50MHz

CRH 的作用和 CRL 完全一样，只是 CRL 控制的是低 8 位输出口，而 CRH 控制的是高 8 位输出口。

3. 端口输入数据寄存器（GPIOx_IDR）（x=A，…，E）

31	30	29	28	27	26	25	24	23	22	21	20	19	18	17	16
保留															

15	14	13	12	11	10	9	8	7	6	5	4	3	2	1	0
IDR15	IDR14	IDR13	IDR12	IDR11	IDR10	IDR9	IDR8	IDR7	IDR6	IDR5	IDR4	IDR3	IDR2	IDR1	IDR0
r	r	r	r	r	r	r	r	r	r	r	r	r	r	r	r

位 31:16	保留，始终读为 0
位 15:0	IDRy[15:0]：端口输入数据（y=0，…，15）(Port input data) 这些位为只读并只能以字（16 位）的形式读出。读出的值为对应 I/O 口的状态

该寄存器为引脚状态寄存器，要想知道某个 I/O 口的状态，只要读这个寄存器，再看某个位的状态就可以了，使用起来是比较简单。如：

```
If(!(GPIOC->IDR & (1<<4)))    //判断 PC4 引脚是否为低电平
    {
    … …
    }
```

4. 端口输出数据寄存器（GPIOx_ODR）（x=A，…，E）

31	30	29	28	27	26	25	24	23	22	21	20	19	18	17	16
保留															

15	14	13	12	11	10	9	8	7	6	5	4	3	2	1	0
ODR15	ODR14	ODR13	ODR12	ODR11	ODR10	ODR9	ODR8	ODR7	ODR6	ODR5	ODR4	ODR3	ODR2	ODR1	ODR0
rw	rw	rw	rw	rw	rw	rw	rw	rw	rw	rw	rw	rw	rw	rw	rw

位 31:16	保留，始终读为 0
位 15:0	ODRy[15:0]：端口输出数据（y=0，…，15）(Port output data) 这些位可读可写并只能以字（16 位）的形式操作。 注：对 GPIOx_BSRR（x=A，…，E），可以分别地对各个 ODR 位进行独立的设置/清除

该寄存器为数据输出寄存器，要想让某个 I/O 口为高电平或低电平，只要写这个寄存器，向某个位写 1、写 0，就可以输出高电平和低电平，使用起来比较简单。用法如下：

（1）输出高电平。

```
GPIOC->ODR |=1<<5;          //PC5 引脚输出高电平,而不去改变其他 I/O 引脚状态
```

（2）输出低电平。

```
GPIOC->ODR &=~(1<<5);       //PC5 引脚输出高电平,而不去改变其他 I/O 引脚状态
```

5. 端口位设置/清除寄存器（GPIOx_BSRR）(x=A，…，E)

31	30	29	28	27	26	25	24	23	22	21	20	19	18	17	16
BR15	BR14	BR13	BR12	BR11	BR10	BR9	BR8	BR7	BR6	BR5	BR4	BR3	BR2	BR1	BR0
w	w	w	w	w	w	w	w	w	w	w	w	w	w	w	w
15	14	13	12	11	10	9	8	7	6	5	4	3	2	1	0
BS15	BS14	BS13	BS12	BS11	BS10	BS9	BS8	BS7	BS6	BS5	BS4	BS3	BS2	BS1	BS0
w	w	w	w	w	w	w	w	w	w	w	w	w	w	w	w

位 31:16	BRy：清除端口 x 的位 y（y=0，…，15）(Port x Reset bit y) 这些位只能写入并只能以字（16 位）的形式操作。 0：对对应的 ODRy 位不产生影响 1：清除对应的 ODRy 位为 0 注：如果同时设置了 BSy 和 BRy 的对应位，BSy 位起作用
位 15:0	BSy：设置端口 x 的位 y（y=0，…，15）(Port x Set bit y) 这些位只能写入并只能以字（16 位）的形式操作。 0：对对应的 ODRy 位不产生影响 1：设置对应的 ODRy 位为 1

该寄存器的低 16 位为设置位，往这 16 位中的相应位写 1，则对应的引脚输出高电平，写 0 不改变 I/O 状态。

该寄存器的高 16 位为清除位，往这 16 位中的相应位写 1，则对应的引脚输出低电平，写 0 不改变 I/O 状态。

如：

```
GPIOC_BSRR |=1<<5;              //PC5 引脚输出高电平
GPIOC_BSRR |=1<<(5+16);         //PC5 引脚输出低电平
```

6. 端口位清除寄存器（GPIOx_BRR）(x=A，…，E)

31	30	29	28	27	26	25	24	23	22	21	20	19	18	17	16
保留															
15	14	13	12	11	10	9	8	7	6	5	4	3	2	1	0
BR15	BR14	BR13	BR12	BR11	BR10	BR9	BR8	BR7	BR6	BR5	BR4	BR3	BR2	BR1	BR0
w	w	w	w	w	w	w	w	w	w	w	w	w	w	w	w

位 31:16	保留，始终读为 0
位 15:0	BRy：清除端口 x 的位 y（y=0，…，15）（Port x Reset bit y） 这些位只能写入并只能以字（16 位）的形式操作。 0：对对应的 ODRy 位不产生影响 1：清除对应的 ODRy 位为 0

该寄存器的低 16 位为设置位，往这 16 位中的相应位写 1，则对应的引脚输出低电平，写 0 不改变 I/O 状态。

如：

```
GPIOC_BRR |=1<<5;     //PC5 引脚输出低电平
```


7. 端口位锁定寄存器（GPIOx_BRR）（x=A，…，E）

31	30	29	28	27	26	25	24	23	22	21	20	19	18	17	16
保留															LCKK
15	14	13	12	11	10	9	8	7	6	5	4	3	2	1	0
LCK15	LCK14	LCK13	LCK12	LCK11	LCK10	LCK9	LCK8	LCK7	LCK6	LCK5	LCK4	LCK3	LCK2	LCK1	LCK0
w	w	w	w	w	w	w	w	w	w	w	w	w	w	w	w

位 31:17	保留，始终读为 0
位 16	LCKK：锁键（Lock key） 该位可随时读出，它只可通过锁键写入序列修改。 0：端口配置锁键位激活 1：端口配置锁键位被激活，下次系统复位前 GPIOx_LCKR 寄存器被锁住。 锁键的写入序列： 写 1 -> 写 0 -> 写 1 -> 读 0 -> 读 1 最后一个读可省略，但可以用来确认锁键已被激活。 注：在操作锁键的写入序列时，不能改变 LCK[15:0]的值。 操作锁键写入序列中的任何错误将不能激活锁键
位 15:0	LCKy：端口 x 的，锁位 y（y=0，…，15）（Port x Lock bit y） 这些位可读可写，但只能在 LCKK 位为 0 时写入。 0：不锁定端口的配置 1：锁定端口的配置

锁定机制允许冻结 I/O 配置。当在一个端口位上执行了锁定（LOCK）程序，在下一次复位之前，将不能再更改端口位的配置。

5.4 原理图

图 5.3 为 LED 灯的硬件电路，其中 ARMLED 接 CPU 的 PD2。

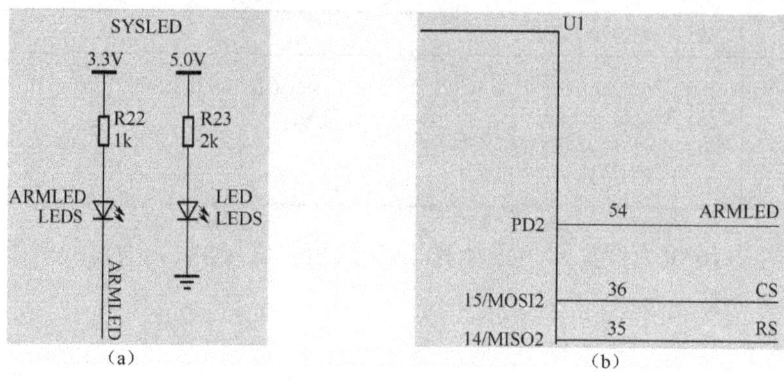

图 5.3　LED 灯的硬件电路

5.5 GPIO 配置过程

(1) 打开相应的 I/O 组时钟源（上电时，所有设备的时钟源都是关闭的，为开发者免去了不知道关闭哪些设备的问题）；

(2) 设置为相应的模式与设置时钟速度；

(3) 设置 GPIO 对应的设备初始状态。

5.6 GPIO 实验范例

```
/***********************************************************************
深圳信盈达培训中心
***********************************************************************/
#include "stm32f10x.h"
#include "stm32lib.h"
#include "api.h"

void Delay(u32 dly);
/***********************************************************************
** 函数信息:int main (void)
** 功能描述:开机后,ARMLED 闪动
** 输入参数:
** 输出参数:
** 调用提示:
***********************************************************************/
int main(void)
{
    SystemInit();                                //系统初始化
    GPIOInit();                                  //GPIO 初始化

    while(1)
    {
        GPIO_ResetBits(GPIOD, GPIO_Pin_2); //PD2 输出低电平,点亮 ARMLED
```

```
        Delay(30);
        GPIO_SetBits(GPIOD, GPIO_Pin_2);                //PD2 输出低电平,熄灭 ARMLED
        Delay(30);
    }
}
/*************************************************************************
** 函数信息:void Delay(u16 dly)
** 功能描述:延时函数,大致为毫秒
** 输入参数:u32 dly:延时时间
** 输出参数:无
** 调用提示:无
*************************************************************************/
void Delay(u32 dly)
{
    u16 i;
    for ( ; dly >0; dly -- )
        for (i =0; i <10000; i ++ );
}
```

5.7 作业

(1) 用 10 种方法实现 4 个灯循环显示。

提示：用 for、if – else if – else if…else、switch – case – break 等语句实现。

(2) 按键控制灯亮。

① key1 点亮 LED0；

② key2 关 LED0；

③ key3 点亮 LED1；

④ key4 灭 LED1；

⑤ key5 灭 LED0、LED1。

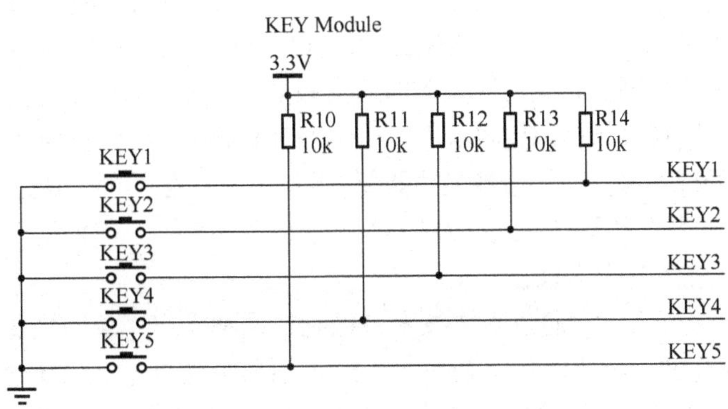

第6章 UART实验

6.1 UART简介

串行接口（Serial Interface）是指数据一位一位地顺序传送，其特点是通信线路简单，只要一对传输线就可以实现双向通信（可以直接利用电话线作为传输线），从而大大降低了成本，特别适用于远距离通信，但传送速度较慢。一条信息的各位数据被逐位按顺序传送的通信方式称为串行通信。串行通信的特点是：数据位的传送，按位顺序进行，最少只需一根传输线即可完成；成本低但传送速度慢。串行通信的距离可以从几米到几千米；根据信息的传送方向，串行通信可以进一步分为单工、半双工和全双工三种。单工：只有一个方向的数据传输。双工：双向的数据传输。半双工：指数据可以在一个信号载体的两个方向上传输，但是不能同时传输。全双工：允许数据在两个方向上同时传输，它在能力上相当于两个单工通信方式的结合。

异步串行是指UART（Universal Asynchronous Receiver/Transmitter，通用异步接收/发送）。UART是一个并行输入成为串行输出的芯片，通常集成在主板上。UART包含TTL电平的串口和RS232电平的串口。TTL电平为3.3V，而RS232是负逻辑电平，它定义+5～+12V为低电平，而-12～-5V为高电平，MDS2710、MDS SD4、EL805等是RS232接口，EL806有TTL接口。

串行接口按电气标准及协议来分包括RS-232-C、RS-422、RS485等。RS-232-C、RS-422与RS-485标准，其只对接口的电气特性做出规定，不涉及接插件、电缆或协议。

通用同步异步收发器（USART）提供了一种灵活的方法，与使用工业标准NRZ异步串行数据格式的外部设备之间，进行全双工数据交换。USART利用分数串列传输速率发生器提供宽范围的串列传输速率选择。它支持同步单向通信和半双工单线通信，也支持LIN（局部互连网），智能卡协议和IrDA（红外数据组织）SIR ENDEC规范，以及调制解调器（CTS/RTS）操作。它还允许多处理器通信。使用多缓冲器配置的DMA方式，可以实现高速数据通信。

接口通过三个引脚与其他设备连接在一起。任何USART双向通信至少需要两个脚：接收数据输入（RX）和发送数据输出（TX）。

RX：接收数据串行输入。通过采样技术来区别数据和噪声，从而恢复数据。

TX：发送数据输出。当发送器被禁止时，输出引脚恢复到它的I/O端口配置。当发送器被激活，并且不发送数据时，TX引脚处于高电平。在单线和智能卡模式里，此I/O口被同时用于数据的发送和接收。

- 总线在发送或接收前应处于空闲状态；
- 一个起始位；
- 一个数据字（8 或 9 位），最低有效位在前；
- 0.5，1.5，2 个的停止位，由此表明数据帧的结束；
- 使用分数波特率发生器—— 12 位整数和 4 位小数的表示方法；
- 一个状态寄存器（USART_SR）；
- 数据寄存器（USART_DR）；
- 一个波特率寄存器（USART_BRR），12 位的整数和 4 位小数；
- 一个智能卡模式下的保护时间寄存器（USART_GTPR）。

6.2 UART 特性

- 字长可以通过编程 USART_CR1 寄存器中的 M 位，选择成 8 或 9 位。TX 脚在起始位期间，处于低电平，在停止位期间处于高电平。
- 空闲符号被视为完全由‘1’组成的一个完整的数据帧，后面跟着包含了数据的下一帧的开始位（‘1’的位数也包括了停止位的位数）。
- 断开符号被视为在一个帧周期内全部收到‘0’（包括停止位期间，也是‘0’）。在断开帧结束时，发送器再插入 1 或 2 个停止位（‘1’）来应答起始位。
- 发送和接收由一共用的波特率发生器驱动，当发送器和接收器的使能位分别置位时，分别为其产生时钟。

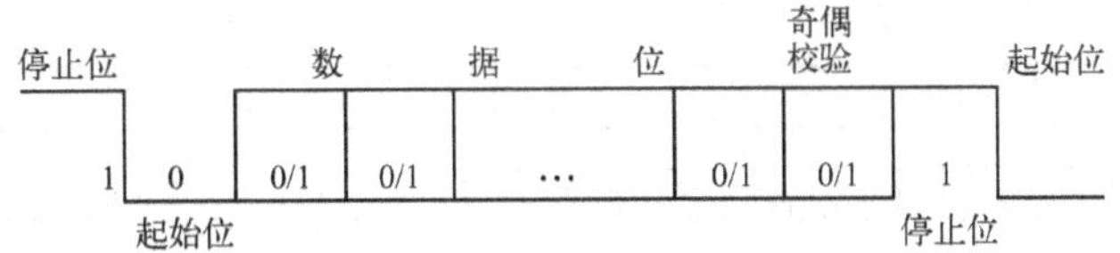

6.3 串口如何工作

串口的工作有两种方式：查询和中断。

查询：串口程序不断地循环查询，查看当前有没有数据要它传送。如果有，就帮助传送（可以从 PC 到 STM32 板子传送，也可以从 STM32 板子到 PC 传送）。

中断：当串口打开中断时，如果发现有一个数据到来或数据发送完毕，则会产生中断，这意味着要它帮助传输数据——它就马上进行数据的传送。同样，可以从 PC 到 STM32 板子，也可以从 STM32 板子到 PC。

波特率的产生

接收器和发送器的波特率在 USARTDIV 的整数和小数寄存器中的值应设置成相同。T_x/R_x波特率 $= \frac{f_{CK}}{(16 \times USARTDIV)}$，这里的$f_{CK}$是外设的时钟（PCLK1 用于 USART2、3、4、5，PCLK2 用于 USART1）。USARTDIV 是一个无符号的定点数。这 12 位的值设置在 USART_BRR 寄存器。字长设置和配置停止位分别如图 6.1 和 6.2 所示。UART 方框图如图 6.3 所示。

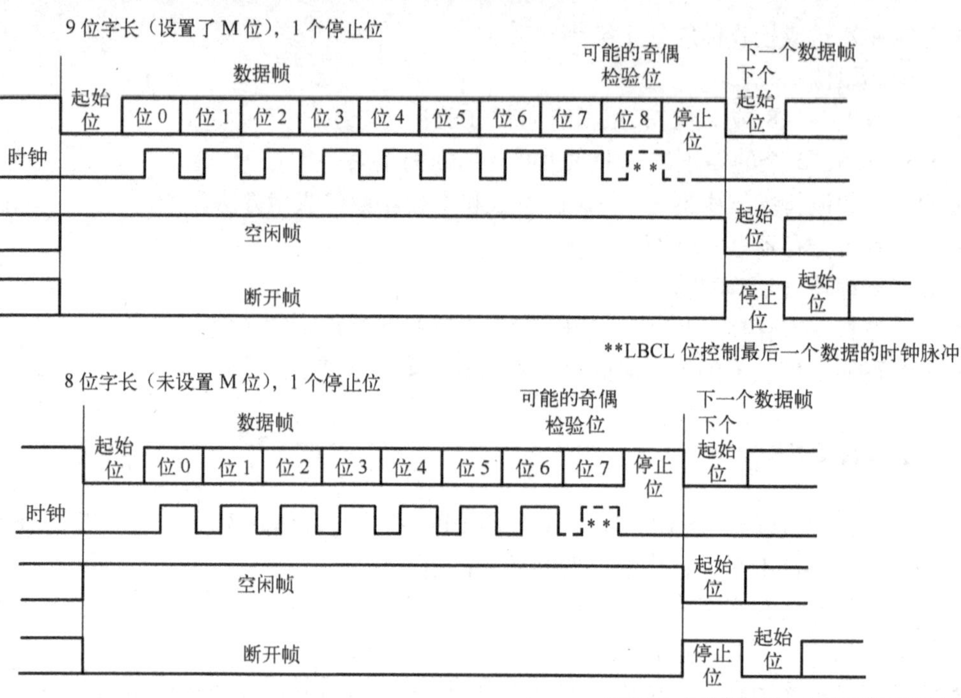

图 6.1　字长设置

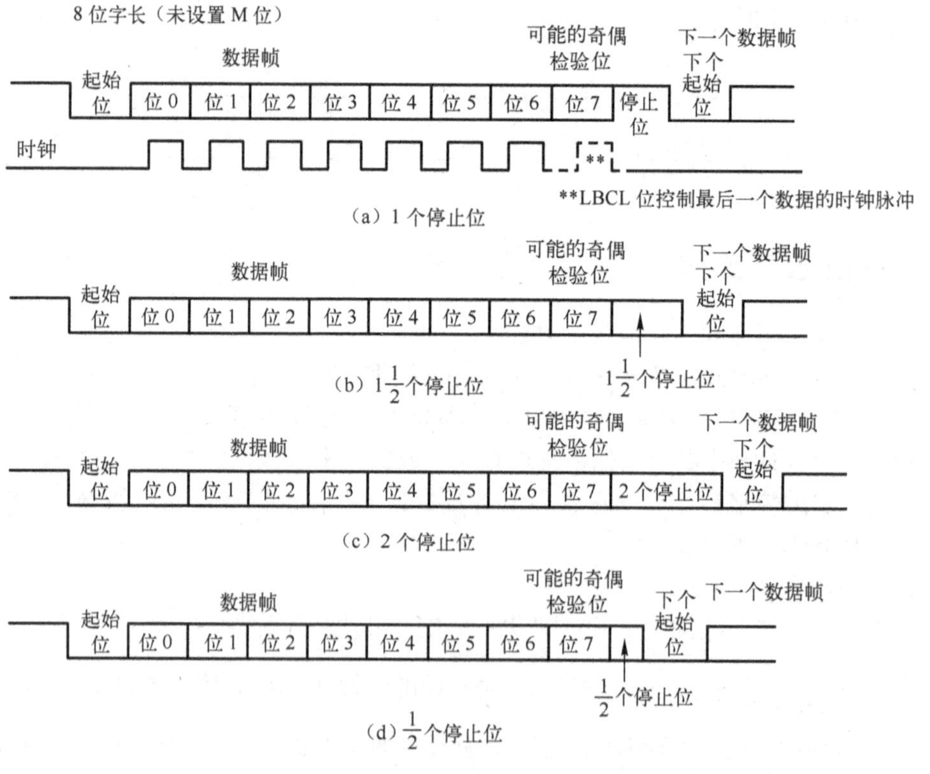

图 6.2　配置停止位

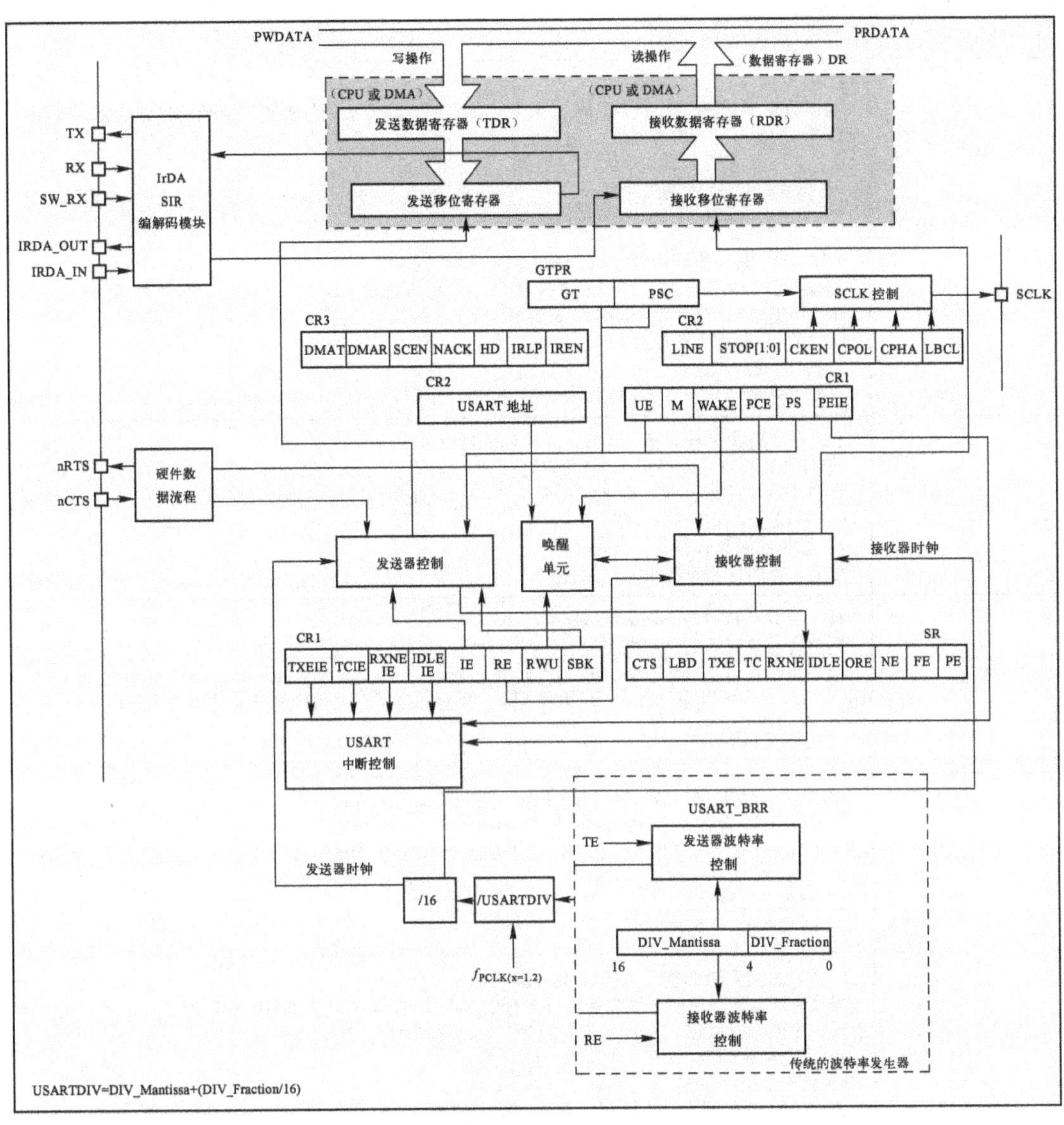

图 6.3　UART 方框图

6.4 与 UART 相关寄存器

6.4.1 状态寄存器（USART_SR）

31	30	29	28	27	26	25	24	23	22	21	20	19	18	17	16
保留															

15	14	13	12	11	10	9	8	7	6	5	4	3	2	1	0
保留						CTS	LBD	TXE	TC	RXNE	IDLE	ORE	NE	FE	PE
						rc w0	rc w0	r	rc w0	rc w0	r	r	r	r	r

位31:10	保留位，硬件强制为0
位9	CTS：CTS标志（CTS flag） 如果设置了CTSE位，当nCTS输入变化状态时，该位被硬件置高。由软件将其清零。如果USART_CR3中的CTSIE为‘1’，则产生中断。 0：nCTS状态线上没有变化； 1：nCTS状态线上发生变化。 注：UART4和UART5上不存在这一位
位8	LBD：LIN断开检测标志（LIN break detection flag） 当探测到LIN断开时，该位由硬件置‘1’，由软件清‘0’（向该位写0）。如果USART_CR3中的LBDIE=1，则产生中断。 0：没有检测到LIN断开； 1：检测到LIN断开。 注意：若LBDIE=1，当LBD为‘1’时要产生中断
位7	TXE：发送数据寄存器空（Transmit data register empty） 当TDR寄存器中的数据被硬件转移到移位寄存器的时候，该位被硬件置位。如果USART_CR1寄存器中的TXEIE为1，则产生中断。对USART_DR写操作，将该位清零。 0：数据还没有被转移到移位寄存器； 1：数据已经被转移到移位寄存器。 注意：单缓冲器传输中使用该位
位6	TC：发送完成（Transmission complete） 当包含有数据的一帧发送完成后，并且TXE=1时，由硬件将该位置‘1’。如果USART_CR1中的TCIE为‘1’，则产生中断。由软件序列清除该位（先读USART_SR，然后写入USART_DR）。TC位也可以通过写入‘0’来清除，只有在多缓存通信中才推荐这种清除程序。 0：发送还未完成； 1：发送完成
位5	RXNE：读数据寄存器非空（Read data register not empty） 当RDR移位寄存器中的数据被转移到USART_DR寄存器中，该位被硬件置位。如果USART_CR1寄存器中的RXNEIE为1，则产生中断。对USART_DR的读操作可以将该位清零。RXNE位也可以通过写入0来清除，只有在多缓存通信中才推荐这种清除程序。 0：数据没有收到； 1：收到数据，可以读出
位4	IDLE：监测到总线空闲（IDLE line detected） 当检测到总线空闲时，该位被硬件置位。如果USART_CR1中的IDLEIE为‘1’，则产生中断。由软件序列清除该位（先读USART_SR，然后读USART_DR）。 0：没有检测到空闲总线； 1：检测到空闲总线。 注意：IDLE位不会再次被置高直到RXNE位被置起（即又检测到一次空闲总线）
位3	ORE：过载错误（Overrun error） 当RXNE仍然是‘1’时，当前被接收在移位寄存器中的数据，需要传送至RDR寄存器时，硬件将该位置位。如果USART_CR1中的RXNEIE为‘1’的话，则产生中断。由软件序列将其清零（先读USART_SR，然后读USART_CR）。 0：没有过载错误； 1：检测到过载错误。 注意：该位被置位时，RDR寄存器中的值不会丢失，但是移位寄存器中的数据会被覆盖。如果设置了EIE位，在多缓冲器通信模式下，ORE标志置位会产生中断
位2	NE：噪声错误标志（Noise error flag） 在接收到的帧检测到噪声时，由硬件对该位置位。由软件序列对其清零（先读USART_SR，再读USART_DR）。 0：没有检测到噪声； 1：检测到噪声。 注意：该位不会产生中断，因为它和RXNE一起出现，硬件会在设置RXNE标志时产生中断。在多缓冲区通信模式下，如果设置了EIE位，则设置NE标志时会产生中断

续表

位 1	FE：帧错误（Framing error） 当检测到同步错位，过多的噪声或者检测到断开符，该位被硬件置位。由软件序列将其清零(先读 USART_SR，再读 USART_DR)。 0：没有检测到帧错误； 1：检测到帧错误或者 break 符。 注意：该位不会产生中断，因为它和 RXNE 一起出现，硬件会在设置 RXNE 标志时产生中断。如果当前传输的数据既产生了帧错误，又产生了过载错误，硬件还是会继续该数据的传输，并且只设置 ORE 标志位。 在多缓冲区通信模式下，如果设置了 EIE 位，则设置 FE 标志时会产生中断
位 0	PE：校验错误（Parity error） 在接收模式下，如果出现奇偶校验错误，硬件对该位置位。由软件序列对其清零（依次读 USART_SR 和 USART_DR）。在清除 PE 位前，软件必须等待 RXNE 标志位被置‘1’。如果 USART_CR1 中的 PEIE 为‘1’，则产生中断。 0：没有奇偶校验错误； 1：奇偶校验错误

6.4.2　数据寄存器（USART_DR）

31	30	29	28	27	26	25	24	23	22	21	20	19	18	17	16
保留															

15	14	13	12	11	10	9	8	7	6	5	4	3	2	1	0
保留							DR[8:0]								
							rw								

位 31:9	保留位，硬件强制为 0
位 8:0	DR[8:0]：数据值（Data value） 包含了发送或接收的数据。由于它由两个寄存器组成，一个给发送用（TDR），另一个给接收用（RDR），该寄存器兼具读和写的功能。TDR 寄存器提供了内部总线和输出移位寄存器之间的并行接口。RDR 寄存器提供了输入移位寄存器和内部总线之间的并行接口。当使能校验位（USART_CR1 中 PCE 位被置位）进行发送时，写到 MSB 的值（根据数据的长度不同，MSB 是第 7 位或者第 8 位）会被后来的校验位取代。当使能校验位进行接收时，读到的 MSB 位是接收到的校验位

6.4.3　波特比率寄存器（USART_BRR）

31	30	29	28	27	26	25	24	23	22	21	20	19	18	17	16
保留															

15	14	13	12	11	10	9	8	7	6	5	4	3	2	1	0
DIV_Mantissa[11:4]												DIV_Fraction[3:0]			
rw												rw			

位 31:16	保留位，硬件强制为 0
位 15:4	DIV_Mantissa[11:0]：USARTDIV 的整数部分 这 12 位定义了 USART 分频器除法因子（USARTDIV）的整数部分
位 3:0	DIV_Fraction[3:0]：USARTDIV 的小数部分 这 4 位定义了 USART 分频器除法因子（USARTDIV）的小数部分

6.4.4 控制寄存器1（USART_CR1）

31	30	29	28	27	26	25	24	23	22	21	20	19	18	17	16
保留															

15	14	13	12	11	10	9	8	7	6	5	4	3	2	1	0
保留		UE	M	WARE	PCE	PS	PEIE	TXEIE	TCIE	RXNEIE	TE	RE	RE	RWU	SBK
res		rw	rw	rw	rw	rw	rw	rw	rw	rw	rw	rw	rw	rw	rw

位31:14	保留位，硬件强制为0
位13	UE：USART使能（USART enable） 当该位被清零，在当前字节传输完成后USART的分频器和输出停止工作，以减少功耗。该位由软件设置和清零。 0：USART分频器和输出被禁止； 1：USART模块使能
位12	M：字长（Word length） 该位定义了数据字的长度，由软件对其设置和清零。 0：1个起始位，8个数据位，n个停止位； 1：1个起始位，9个数据位，n个停止位。 注意：在数据传输过程中（发送或者接收时），不能修改这个位
位11	WAKE：唤醒的方法（Wakeup method） 这位决定了把USART唤醒的方法，由软件对该位设置和清零。 0：被空闲总线唤醒； 1：被地址标记唤醒
位10	PCE：检验控制使能（Parity control enable） 用该位选择是否进行硬件校验控制（对于发送来说就是校验位的产生；对于接收来说就是校验位的检测）。当使能该位，在发送数据的最高位（如果M=1，最高位就是第9位；如果M=0，最高位就是第8位）插入校验位；对接收到的数据检查其校验位。软件对它置‘1’或清‘0’。一旦设置了该位，当前字节传输完成后，校验控制才生效。 0：禁止校验控制； 1：使能校验控制
位9	PS：校验选择（Parity selection） 当校验控制使能后，该位用来选择采用偶校验还是奇校验。软件对它置‘1’或清‘0’。当前字节传输完成后，该选择生效。 0：偶校验； 1：奇校验
位8	PEIE：PE中断使能（PE interrupt enable） 该位由软件设置或清除。 0：禁止产生中断； 1：当USART_SR中的PE为‘1’时，产生USART中断
位7	TXEIE：发送缓冲区空中断使能（TXE interrupt enable） 该位由软件设置或清除。 0：禁止产生中断； 1：当USART_SR中的TXE为‘1’时，产生USART中断
位6	TCIE：发送完成中断使能（Transmission complete interrupt enable） 该位由软件设置或清除。 0：禁止产生中断； 1：当USART_SR中的TC为‘1’时，产生USART中断

续表

位 5	RXNEIE：接收缓冲区非空中断使能（RXNE interrupt enable） 该位由软件设置或清除。 0：禁止产生中断； 1：当 USART_SR 中的 ORE 或者 RXNE 为‘1’时，产生 USART 中断
位 4	IDLEIE：IDLE 中断使能（IDLE interrupt enable） 该位由软件设置或清除。 0：禁止产生中断； 1：当 USART_SR 中的 IDLE 为‘1’时，产生 USART 中断
位 3	TE：发送使能（Transmitter enable） 该位使能发送器。该位由软件设置或清除。 0：禁止发送； 1：使能发送。 注意：（1）在数据传输过程中，除了在智能卡模式下，如果 TE 位上有个 0 脉冲（即设置为‘0’之后再设置为‘1’），会在当前数据字传输完成后，发送一个“前导符”（空闲总线）。 （2）当 TE 被设置后，在真正发送开始之前，有一个比特时间的延迟
位 2	RE：接收使能（Receiver enable） 该位由软件设置或清除。 0：禁止接收； 1：使能接收，并开始搜寻 RX 引脚上的起始位
位 1	RWU：接收唤醒（Receiver wakeup） 该位用来决定是否把 USART 置于静默模式。该位由软件设置或清除。当唤醒序列到来时，硬件也会将其清零。 0：接收器处于正常工作模式； 1：接收器处于静默模式。 注意：（1）在把 USART 置于静默模式（设置 RWU 位）之前，USART 要先接收了一个数据字节。否则在静默模式下，不能被空闲总线检测唤醒。 （2）当配置成地址标记检测唤醒（WAKE 位 = 1），在 RXNE 位被置位时，不能用软件修改 RWU 位
位 0	SBK：发送断开帧（Send break） 使用该位来发送断开字符。该位可以由软件设置或清除。操作过程应该是软件设置位，然后在断开帧的停止位时，由硬件将该位复位。 0：没有发送断开字符； 1：将要发送断开字符

6.4.5　控制寄存器 2（USART_CR2）

31	30	29	28	27	26	25	24	23	22	21	20	19	18	17	16
保留															

15	14	13	12	11	10	9	8	7	6	5	4	3	2	1	0
保留	LINEN	STOP[1:0]		CLKEN	CPOL	CPHA	LBCT	保留	LBDIE	LBDL	保留	ADD[3:0]			
		rw		rw	rw	rw	rw	rw		rw	rw				rw

位 31:15	保留位，硬件强制为 0
位 14	LINEN：LIN 模式使能（LIN mode enable） 该位由软件设置或清除。 0：禁止 LIN 模式； 1：使能 LIN 模式。 在 LIN 模式下，可以用 USART_CR1 寄存器中的 SBK 位发送 LIN 同步断开符（低 13 位），以及检测 LIN 同步断开符

续表

位 13:12	STOP：停止位（STOP bits） 这两位用来设置停止位的位数 00：1 个停止位； 01：0.5 个停止位； 10：2 个停止位； 11：1.5 个停止位； 注：UART4 和 UART5 不能用 0.5 停止位和 1.5 停止位
位 11	CLKEN：时钟使能（Clock enable） 该位用来使能 CK 引脚 0：禁止 CK 引脚； 1：使能 CK 引脚。 注：UART4 和 UART5 上不存在这一位
位 10	CPOL：时钟极性（Clock polarity） 在同步模式下，可以用该位选择 SLCK 引脚上时钟输出的极性，和 CPHA 位一起配合来产生需要的时钟/数据的采样关系。 0：总线空闲时 CK 引脚上保持低电平； 1：总线空闲时 CK 引脚上保持高电平。 注：UART4 和 UART5 上不存在这一位
位 9	CPHA：时钟相位（Clock phase） 在同步模式下，可以用该位选择 SLCK 引脚上时钟输出的相位，和 CPOL 位一起配合来产生需要的时钟/数据的采样关系。 0：在时钟的第一个边沿进行数据捕获； 1：在时钟的第二个边沿进行数据捕获。 注：UART4 和 UART5 上不存在这一位
位 8	LBCL：最后一位时钟脉冲（Last bit clock pulse） 在同步模式下，使用该位来控制是否在 CK 引脚上输出最后发送的那个数据字节（MSB）对应的时钟脉冲。 0：最后一位数据的时钟脉冲不从 CK 输出； 1：最后一位数据的时钟脉冲会从 CK 输出。 注意：（1）最后一个数据位就是第 8 或者第 9 个发送的位（根据 USART_CR1 寄存器中的 M 位所定义的 8 或者 9 位数据帧格式）。 （2）UART4 和 UART5 上不存在这一位
位 7	保留位，硬件强制为 0
位 6	LBDIE：LIN 断开符检测中断使能（LIN break detection interrupt enable） 断开符中断屏蔽（使用断开分隔符来检测断开符）。 0：禁止中断； 1：只要 USART_SR 寄存器中的 LBD 为‘1’就产生中断
位 5	LBDL：LIN 断开符检测长度（LIN break detection length） 该位用来选择是 11 位还是 10 位的断开符检测。 0：10 位的断开符检测； 1：11 位的断开符检测
位 4	保留位，硬件强制为 0
位 3:0	ADD[3:0]：本设备的 USART 节点地址 该位域给出本设备 USART 节点的地址。 这是在多处理器通信下的静默模式中使用的，使用地址标记来唤醒某个 USART 设备

6.4.6 控制寄存器 3（USART_CR3）

31	30	29	28	27	26	25	24	23	22	21	20	19	18	17	16
保留															

15	14	13	12	11	10	9	8	7	6	5	4	3	2	1	0
保留					CTSIE	CTSE	RTSE	DMAT	DMAR	SCEN	NAEN	HDSEL	IRLP	IREN	EIE
					rw	rw	rw	rw	rw	rw	rw	rw	rw	rw	rw

位	说明
位 31:11	保留位，硬件强制为 0
位 10	CSIE：CTS 中断使能（CTS interrupt enable） 0：禁止中断； 1：USART_SR 寄存器中的 CTS 为‘1’时产生中断。 注：UART4 和 UART5 上不存在这一位
位 9	CTSE：CTS 使能（CTS enable） 0：禁止 CTS 硬件流控制； 1：CTS 模式使能，只有 nCTS 输入信号有效（拉成低电平）时才能发送数据。如果在数据传输的过程中，nCTS 信号变成无效，那么发完这个数据后，传输就停止下来。如果当 nCTS 为无效时，往数据寄存器里写数据，则要等到 nCTS 有效时才会发送这个数据。 注：UART4 和 UART5 上不存在这一位
位 8	RTSE：RTS 使能（RTS enable） 0：禁止 RTS 硬件流控制； 1：RTS 中断使能，只有接收缓冲区内有空余的空间时才请求下一个数据。当前数据发送完成后，发送操作就需要暂停下来。如果可以接收数据了，将 nRTS 输出置为有效（拉至低电平）。 注：UART4 和 UART5 上不存在这一位
位 7	DMAT：DMA 使能发送（DMA enable transmitter） 该位由软件设置或清除。 0：禁止发送时的 DMA 模式。 1：使能发送时的 DMA 模式； 注：UART4 和 UART5 上不存在这一位
位 6	DMAR：DMA 使能接收（DMA enable receiver） 该位由软件设置或清除。 0：禁止接收时的 DMA 模式。 1：使能接收时的 DMA 模式； 注：UART4 和 UART5 上不存在这一位
位 5	SCEN：智能卡模式使能（Smartcard mode enable） 该位用来使能智能卡模式。 0：禁止智能卡模式； 1：使能智能卡模式。 注：UART4 和 UART5 上不存在这一位
位 4	NACK：智能卡 NACK 使能（Smartcard NACK enable） 0：校验错误出现时，不发送 NACK； 1：校验错误出现时，发送 NACK。 注：UART4 和 UART5 上不存在这一位
位 3	HDSEL：半双工选择（Half - duplex selection） 选择单线半双工模式。 0：不选择半双工模式； 1：选择半双工模式
位 2	IRLP：红外低功耗（IrDA low - power） 该位用来选择普通模式还是低功耗红外模式。 0：通常模式； 1：低功耗模式

续表

位1	IREN：红外模式使能（IrDA mode enable） 该位由软件设置或清除。 0：不使能红外模式； 1：使能红外模式
位0	EIE：错误中断使能（Error interrupt enable） 在多缓冲区通信模式下，当有帧错误、过载或者噪声错误时（USART_SR 中的 FE＝1，或者 ORE＝1，或者 NE＝1）产生中断。 0：禁止中断； 1：只要 USART_CR3 中的 DMAR＝1，并且 USART_SR 中的 FE＝1，或者 ORE＝1，或者 NE＝1，则产生中断

6.4.7 保护时间和预分频寄存器（USART_GTPR）

31	30	29	28	27	26	25	24	23	22	21	20	19	18	17	16
保留															
15	14	13	12	11	10	9	8	7	6	5	4	3	2	1	0
GT[7:0]								PSC[7:0]							
rw								rw							

位31:16	保留位，硬件强制为0
位15:8	GT[7:0]：保护时间值（Guard time value） 该位域规定了以波特时钟为单位的保护时间。在智能卡模式下，需要这个功能。当保护时间过去后，才会设置发送完成标志。 注：UART4 和 UART5 上不存在这一位
位7:0	PSC[7:0]：预分频器值（Prescaler value） 在红外（IrDA）低功耗模式下： PSC[7:0]＝红外低功耗波特率 对系统时钟分频以获得低功耗模式下的频率： 源时钟被寄存器中的值（仅有8位有效）分频 00000000：保留－不要写入该值； 00000001：对源时钟1分频； 00000010：对源时钟2分频； …… 在红外（IrDA）的正常模式下：PSC 只能设置为 00000001 在智能卡模式下： PSC[4:0]：预分频值 对系统时钟进行分频，给智能卡提供时钟。 寄存器中给出的值（低5位有效）乘以2后，作为对源时钟的分频因子 00000：保留－不要写入该值； 00001：对源时钟进行2分频； 00010：对源时钟进行4分频； 00011：对源时钟进行6分频； …… 注意：1. 位[7:5]在智能卡模式下没有意义。 2. UART4 和 UART5 上不存在这一位

6.5 硬件连接

串口硬件电路如图6.4所示。

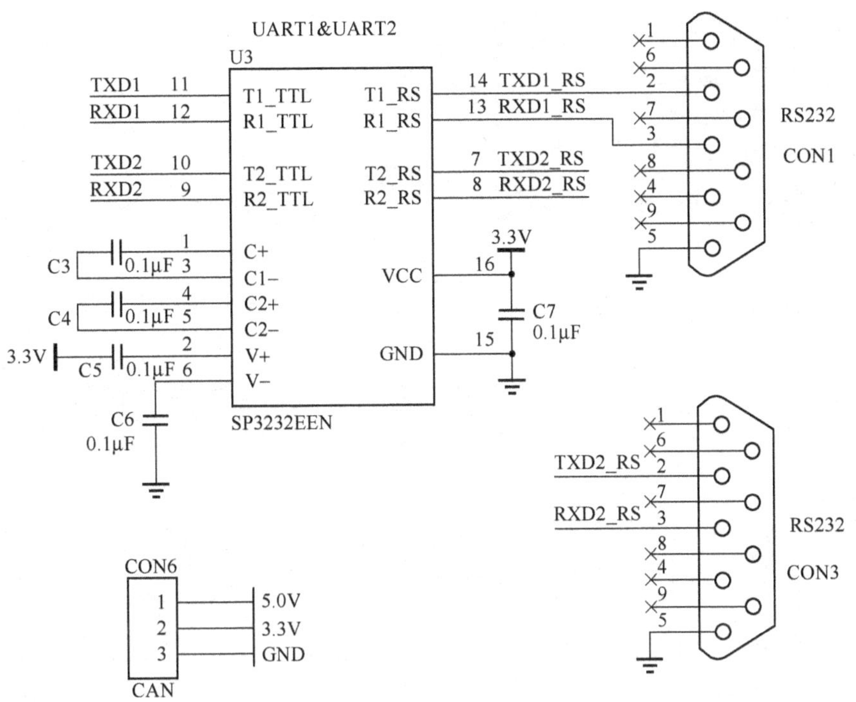

图 6.4　串口硬件电路

6.6 程序编程步骤

（1）RCC 配置：开相应的 GPIO 组时钟和相应的串口时钟。

（2）GPIO 配置：在 GPIO 配置中，将发送端的引脚配置为复用推挽输出，将接收端的引脚配置为浮空输入。

（3）USART 配置：USART 寄存器的配置。

（4）NVIC 配置：设置串口的中断抢占优先级和亚优先级。

（5）发送/接收数据：通过串口数据寄存器接收发送数据。

6.7 范例程序

```
/***********************************************************************
深圳信盈达嵌入式培训中心
***********************************************************************/

/******************************* <头文件> * *******************************/
#include "sys.h"
#include "usart.h"
#include "delay.h"
```

```
/*************************************************************************
 *函数名:  void main(void)
 *功能描述:主函数
 *输入参数:
 *返回:
 *作者:
 *其他:
 *编写日期:
 *硬件连接:
**************************************************************************/
int main(void)
{
    Stm32_Clock_Init(9);                        //系统时钟设置
    UART1Init(115200);                          //UART1 初始化 ,收发数据,波特率为 115200
    delay_init(72);                             //延时初始化

    Uart_Printf("信盈达串口测试程序! \n");
        while(1)
        {
                char data1;
                while(! (USART1 -> SR & (1 <<5)));      //等待接收
                data1 = USART1 -> DR ;                  //接收数据
                while(! (USART1 -> SR & (1 <<6)));      //等待发送
                USART1 -> DR = data1;                   //发送数据
        }
}

/*************************************************************************
** 函数信息:void UART1Init(void)                           // WAN. CG // 2010. 12. 12
** 功能描述:UART1 初始化函数
** 输入参数:u32 bps:串口波特率
** 输出参数:无
** 调用提示:8 - N - 1
*************************************************************************/
void UART1Init(u32 bps)
{
    USART_InitTypeDef           USART_InitStructure;
    USART_ClockInitTypeDef   USART_ClockInitStructure;

    RCC_APB2PeriphClockCmd(RCC_APB2Periph_AFIO|RCC_APB2Periph_USART1,ENABLE);
        //使能串口 1 和 AFIO 总线
```

```
    USART_InitStructure.USART_BaudRate = bps;
    USART_InitStructure.USART_WordLength = USART_WordLength_8b;
    USART_InitStructure.USART_StopBits = USART_StopBits_1;
    USART_InitStructure.USART_Parity = USART_Parity_No;
    USART_InitStructure.USART_HardwareFlowControl = USART_HardwareFlowControl_None;
    USART_InitStructure.USART_Mode = USART_Mode_Rx | USART_Mode_Tx;
    USART_Init(USART1, &USART_InitStructure);                 //串口 1 配置初始化

    USART_ClockInitStructure.USART_Clock = USART_Clock_Disable;
    USART_ClockInitStructure.USART_CPOL = USART_CPOL_Low;
    USART_ClockInitStructure.USART_CPHA = USART_CPHA_2Edge;
    USART_ClockInitStructure.USART_LastBit = USART_LastBit_Disable;
    USART_ClockInit(USART1, &USART_ClockInitStructure);       //串口 1 时钟初始化

    //USART_ITConfig(USART1, USART_IT_RXNE, ENABLE);   //接收中断使能
    //USART_ITConfig(USART1, USART_IT_TXE, ENABLE);

    USART_Cmd(USART1, ENABLE);                                 //使能串口 1
}
```

6.8 作业

程序运行时，计算机发送一串数据到 CPU，CPU 马上将到的数据回传给计算机，同时可以控制 LED 亮灭。

第 7 章

模/数转换

7.1 A/D 简介

将模拟信号转换成数字信号的电路，称为模/数转换器（简称 A/D 转换器或 ADC，Analog to Digital Converter）；将数字信号转换为模拟信号的电路称为数/模转换器（简称 D/A 转换器或 DAC，Digital to Analog Converter）；A/D 转换器和 D/A 转换器已成为信息系统中不可缺少的接口电路。

7.2 A/D 的主要参数

- 分辨率：它表明 A/D 对模拟信号的分辨能力，由它确定能被 A/D 辨别的最小模拟量变化，通常为 8，10，12，16 位等。
- 转换时间：转换时间是 A/D 完成一次转换所需要的时间，一般转换速度越快越好。
- 量化误差：在 A/D 转换中由于整量化产生的固有误差。量化误差在 ±1/2LSB（最低有效位）之间。
- 绝对精度：对于 A/D 绝对精度，指的是对应于一个给定量，A/D 转换器的误差大小由实际模拟量输入值与理论值之差来度量。

7.3 STM32 系列 A/D 转换特点

- 12 位分辨率。
- 转换结束、注入转换结束和发生模拟看门狗事件时产生中断。
- 单次和连续转换模式。
- 从通道 0 到通道 n 的自动扫描模式。
- 自校准。
- 带内嵌数据一致性的数据对齐。
- 采样间隔可以按通道分别编程。
- 规则转换和注入转换均有外部触发选项。
- 间断模式。

- 双重模式（带 2 个或以上 ADC 的器件）。
- ADC 供电要求：2.4 ～ 3.6V。
- ADC 输入范围：$V_{REF-} \leqslant VIN \leqslant V_{REF+}$。
- 规则通道转换期间有 DMA 请求产生。

ADC 模块的框图如图 7.1 所示。

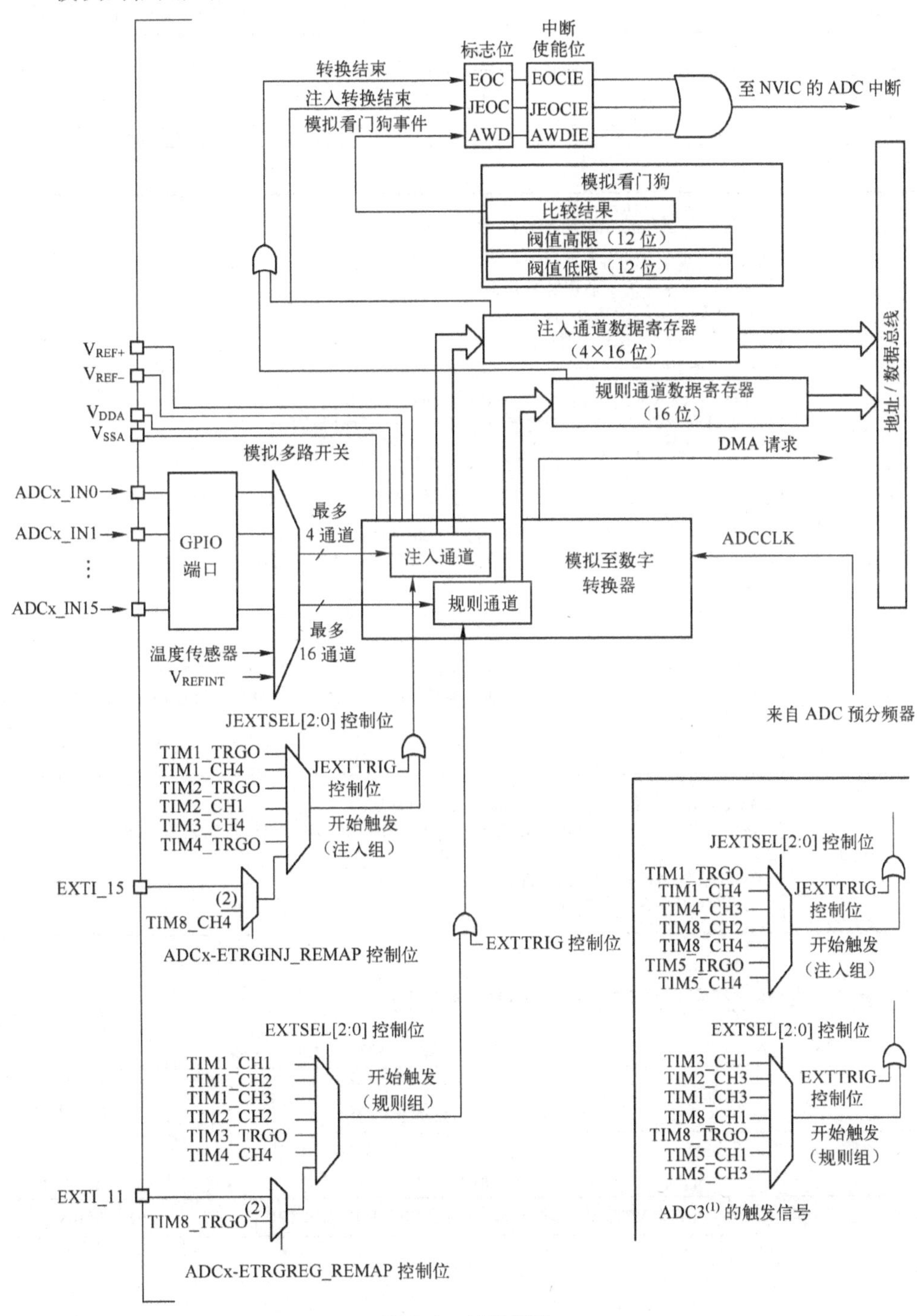

图 7.1　ADC 模块

7.4 与A/D相关的寄存器

7.4.1 ADC状态寄存器（ADC_SR）

31	30	29	28	27	26	25	24	23	22	21	20	19	18	17	16
保留															

15	14	13	12	11	10	9	8	7	6	5	4	3	2	1	0
保留											STRT	JSTRT	JEOC	EOC	AWD
											rc w0	rc w0	rc w0	rc w0	rc w0

位	说明
位31:5	保留。必须保持为0
位4	STRT：规则通道开始位（Regular channel Start flag） 该位由硬件在规则通道转换开始时设置，由软件清除。 0：规则通道转换未开始； 1：规则通道转换已开始
位3	JSTRT：注入通道开始位（Injected channel Start flag） 该位由硬件在注入通道组转换开始时设置，由软件清除。 0：注入通道组转换未开始； 1：注入通道组转换已开始
位2	JEOC：注入通道转换结束位（Injected channel end of conversion） 该位由硬件在所有注入通道组转换结束时设置，由软件清除。 0：转换未完成； 1：转换完成
位1	EOC：转换结束位（End of conversion） 该位由硬件在（规则或注入）通道组转换结束时设置，由软件清除或由读ADC_DR时清除。 0：转换未完成； 1：转换完成
位0	AWD：模拟看门狗标志位（Analog watchdog flag） 该位由硬件在转换的电压值超出了ADC_LTR和ADC_HTR寄存器定义的范围设置，由软件清除。 0：没有发生模拟看门狗事件； 1：发生模拟看门狗事件

7.4.2 ADC控制寄存器1（ADC_CR1）

31	30	29	28	27	26	25	24	23	22	21	20	19	18	17	16
保留								AWDEN	JAWDEN	保留		DUALMOD[3:0]			
								rw	rw			rw			

15	14	13	12	11	10	9	8	7	6	5	4	3	2	1	0
DISCNUM[2:0]			JDISCEN	DISCEN	JAUTO	AWDSGL	SCAN	JEOCIE	AWDIE	EOCIE	AWDCH[4:0]				
rw			rw	rw	rw	rw	rw	rw	rw	rw	rw				

位 31:24	保留，必须保持为 0
位 23	AWDEN：在规则通道上开启模拟看门狗（Analog watchdog enable on regularchannels）。 该位由软件设置和清除。 0：在规则通道上禁用模拟看门狗； 1：在规则通道上使用模拟看门狗
位 22	JAWDEN：在注入通道上开启模拟看门狗（Analog watchdog enable on injected channels）。 该位由软件设置和清除。 0：在注入通道上禁用模拟看门狗； 1：在注入通道上使用模拟看门狗
位 21:20	保留，必须保持为 0
位 19:16	DUALMOD[3:0]：双模式选择（Dual mode selection）。 软件使用这些位选择操作模式。 0000：独立模式； 0001：混合的同步规则 + 注入同步模式； 0010：混合的同步规则 + 交替触发模式； 0011：混合同步注入 + 快速交叉模式； 0100：混合同步注入 + 慢速交叉模式； 0101：注入同步模式； 0110：规则同步模式； 0111：快速交叉模式； 1000：慢速交叉模式； 1001：交替触发模式； 注：在 ADC2 和 ADC3 中这些位为保留位。 在双模式中，改变通道的配置会产生一个重新开始的条件，这将导致同步丢失。建议在进行任何配置改变前关闭双模式
位 15:13	DISCNUM[2:0]：间断模式通道计数（Discontinuous mode channel count）。 软件通过这些位定义在间断模式下，收到外部触发后转换规则通道的数目。 000：1 个通道； 001：2 个通道； …… 111：8 个通道
位 12	JDISCEN：在注入通道上的间断模式（Discontinuous mode on injected channels）。 该位由软件设置和清除，用于开启或关闭注入通道组上的间断模式。 0：注入通道组上禁用间断模式； 1：注入通道组上使用间断模式
位 11	DISCEN：在规则通道上的间断模式（Discontinuous mode on regular channels）。 该位由软件设置和清除，用于开启或关闭规则通道组上的间断模式。 0：规则通道组上禁用间断模式； 1：规则通道组上使用间断模式
位 10	JAUTO：自动的注入通道组转换（Automatic Injected Group conversion）。 该位由软件设置和清除，用于开启或关闭规则通道组转换结束后自动的注入通道组转换。 0：关闭自动的注入通道组转换； 1：开启自动的注入通道组转换
位 9	AWDSGL：扫描模式中在一个单一的通道上使用看门狗（Enable the watchdog on a single channel in scan mode）。 该位由软件设置和清除，用于开启或关闭由 AWDCH[4:0]位指定的通道上的模拟看门狗功能。 0：在所有的通道上使用模拟看门狗； 1：在单一通道上使用模拟看门狗

续表

位 8	SCAN：扫描模式（Scan mode） 该位由软件设置和清除，用于开启或关闭扫描模式。在扫描模式中，转换由 ADC_SQRx 或 ADC_JSQRx 寄存器选中的通道。 0：关闭扫描模式； 1：使用扫描模式。 注：如果分别设置了 EOCIE 或 JEOCIE 位，只在最后一个通道转换完毕后才会产生 EOC 或 JEOC 中断
位 7	JEOCIE：允许产生注入通道转换结束中断（Interrupt enable for injected channels） 该位由软件设置和清除，用于禁止或允许所有注入通道转换结束后产生中断。 0：禁止 JEOC 中断； 1：允许 JEOC 中断，当硬件设置 JEOC 位时产生中断
位 6	AWDIE：允许产生模拟看门狗中断（Analog watchdog interrupt enable）。 该位由软件设置和清除，用于禁止或允许模拟看门狗产生中断。在扫描模式下，如果看门狗检测到超范围的数值时，只有在设置了该位时扫描才会中止。 0：禁止模拟看门狗中断； 1：允许模拟看门狗中断
位 5	EOCIE：允许产生 EOC 中断（Interrupt enable for EOC）。 该位由软件设置和清除，用于禁止或允许转换结束后产生中断。 0：禁止 EOC 中断； 1：允许 EOC 中断，当硬件设置 EOC 位时产生中断
位 4:0	AWDCH[4:0]：模拟看门狗通道选择位（Analog watchdog channel select bits）。 这些位由软件设置和清除，用于选择模拟看门狗保护的输入通道。 00000：ADC 模拟输入通道 0； 00001：ADC 模拟输入通道 1； …… 01111：ADC 模拟输入通道 15； 10000：ADC 模拟输入通道 16； 10001：ADC 模拟输入通道 17； 保留所有其他数值。 注：ADC1 的模拟输入通道 16 和通道 17 在芯片内部分别连到了温度传感器 V_{REFINT}。 ADC2 的模拟输入通道 16 和通道 17 在芯片内部连到了 V_{SS}。 ADC3 模拟输入通道 9、14、15、16、17 与 V_{ss} 相连

7.4.3 ADC 控制寄存器 2（ADC_CR2）

31	30	29	28	27	26	25	24	23	22	21	20	19	18	17	16
保留								TS VREFE	SW START	JSW START	EXT TRIG	ESTSEL[2:0]			保留
								rw	rw	rw	rw		rw		

15	14	13	12	11	10	9	8	7	6	5	4	3	2	1	0
JEXT TRIG	JEXTSEL[2:0]			ALIGN	保留		DMA	保留				RST CAL	CAL	CONT	ADON
rw		rw		rw			rw					rw	rw	rw	rw

位 31:24	保留，必须保持为 0
位 23	TSVREFE：温度传感器和 V_{REFINT}使能（Temperature sensor and V_{REFINT} enable）。 该位由软件设置和清除，用于开启或禁止温度传感器和 V_{REFINT} 通道。在多于 1 个 ADC 的器件中，该位仅出现在 ADC1 中。 0：禁止温度传感器和 V_{REFINT}； 1：启用温度传感器和 V_{REFINT}

续表

位 22	SWSTART：开始转换规则通道（Start conversion of regular channels）。 由软件设置该位以启动转换，转换开始后硬件马上清除此位。如果在 EXTSEL[2:0]位中选择了 SWSTART 为触发事件，该位用于启动一组规则通道的转换。 0：复位状态； 1：开始转换规则通道
位 21	JSWSTART：开始转换注入通道（Start conversion of injected channels）。 由软件设置该位以启动转换，软件可清除此位或在转换开始后硬件马上清除此位。如果在 JEXTSEL[2:0]位中选择了 JSWSTART 为触发事件，该位用于启动一组注入通道的转换。 0：复位状态； 1：开始转换注入通道
位 20	EXTTRIG：规则通道的外部触发转换模式（External trigger conversion mode for regular channels）。 该位由软件设置和清除，用于开启或禁止可以启动规则通道组转换的外部触发事件。 0：不用外部事件启动转换； 1：使用外部事件启动转换
位 19:17	EXTSEL[2:0]：选择启动规则通道组转换的外部事件（External event select for regular group）。 这些位选择用于启动规则通道组转换的外部事件。 ADC1 和 ADC2 的触发配置如下。 000：定时器 1 的 CC1 事件；100：定时器 3 的 TRGO 事件； 001：定时器 1 的 CC2 事件；101：定时器 4 的 CC4 事件； 110：EXTI 线 11/ TIM8_TRGO 事件，仅大容量产品具有 TIM8_TRGO 功能； 010：定时器 1 的 CC3 事件； 011：定时器 2 的 CC2 事件；111：SWSTART。 ADC3 的触发配置如下。 000：定时器 3 的 CC1 事件；100：定时器 8 的 TRGO 事件； 001：定时器 2 的 CC3 事件；101：定时器 5 的 CC1 事件； 010：定时器 1 的 CC3 事件；110：定时器 5 的 CC3 事件； 011：定时器 8 的 CC1 事件；111：SWSTART
位 16	保留，必须保持为 0
位 15	JEXTTRIG：注入通道的外部触发转换模式（External trigger conversion mode for injected channels）。 该位由软件设置和清除，用于开启或禁止可以启动注入通道组转换的外部触发事件。 0：不用外部事件启动转换； 1：使用外部事件启动转换
位 14:12	JEXTSEL[2:0]：选择启动注入通道组转换的外部事件（External event select for injected group）。 这些位选择用于启动注入通道组转换的外部事件。 ADC1 和 ADC2 的触发配置如下。 000：定时器 1 的 TRGO 事件；100：定时器 3 的 CC4 事件； 001：定时器 1 的 CC4 事件；101：定时器 4 的 TRGO 事件； 110：EXTI 线 15/TIM8_CC4 事件（仅大容量产品具有 TIM8_CC4）； 010：定时器 2 的 TRGO 事件。 011：定时器 2 的 CC1 事件；111：JSWSTART； ADC3 的触发配置如下。 000：定时器 1 的 TRGO 事件；100：定时器 8 的 CC4 事件； 001：定时器 1 的 CC4 事件；101：定时器 5 的 TRGO 事件； 010：定时器 4 的 CC3 事件；110：定时器 5 的 CC4 事件； 011：定时器 8 的 CC2 事件；111：JSWSTART
位 11	ALIGN：数据对齐（Data alignment）。 该位由软件设置和清除。 0：右对齐； 1：左对齐
位 10:9	保留，必须保持为 0

续表

位 8	DMA：直接存储器访问模式（Direct memory access mode）。 该位由软件设置和清除。 0：不使用 DMA 模式； 1：使用 DMA 模式。 注：只有 ADC1 和 ADC3 能产生 DMA 请求
位 7:4	保留。必须保持为 0
位 3	RSTCAL：复位校准（Reset calibration）。 该位由软件设置并由硬件清除。在校准寄存器被初始化后该位将被清除。 0：校准寄存器已初始化； 1：初始化校准寄存器。 注：如果正在进行转换时设置 RSTCAL，清除校准寄存器需要额外的周期
位 2	CAL：A/D 校准（A/D Calibration） 该位由软件设置以开始校准，并在校准结束时由硬件清除。 0：校准完成； 1：开始校准
位 1	CONT：连续转换（Continuous conversion） 该位由软件设置和清除。如果设置了此位，则转换将连续进行直到该位被清除。 0：单次转换模式； 1：连续转换模式
位 0	ADON：开/关 A/D 转换器（A/D converter ON / OFF） 该位由软件设置和清除。当该位为‘0’时，写入‘1’将把 ADC 从断电模式下唤醒。 当该位为‘1’时，写入‘1’将启动转换。应用程序需注意，在转换器上电至转换开始有一个延迟 t_{STAB}。 0：关闭 ADC 转换/校准，并进入断电模式； 1：开启 ADC 并启动转换。 注：如果在这个寄存器中与 ADON 一起还有其他位被改变，则转换不被触发。这是为了防止触发错误的转换

7.4.4 ADC 采样时间寄存器 1（ADC_SMPR1）

31	30	29	28	27	26	25	24	23	22	21	20	19	18	17	16
保留								SMP17[2:0]			SMP16[2:0]			SMP15[2:1]	
								rw			rw			rw	

15	14	13	12	11	10	9	8	7	6	5	4	3	2	1	0
SMP	SMP14[2:0]			SMP13[2:0]			SMP12[2:0]			SMP11[2:0]			SMP10[2:0]		
rw	rw			rw			rw			rw			rw		

位 31:24	保留，必须保持为 0
位 23:0	SMPx[2:0]：选择通道 x 的采样时间（Channel x Sample time selection）。 这些位用于独立地选择每个通道的采样时间。在采样周期中通道选择位必须保持不变。 000：1.5 周期；100：41.5 周期； 001：7.5 周期；101：55.5 周期； 010：13.5 周期；110：71.5 周期； 011：28.5 周期；111：239.5 周期。 注：ADC1 的模拟输入通道 16 和通道 17 在芯片内部分别连到了温度传感器和 V_{REFINT}。 ADC2 的模拟输入通道 16 和通道 17 在芯片内部连到了 Vss。 ADC3 的模拟输入通道 14、15、16、17 与 Vss 相连

7.4.5　ADC 采样时间寄存器 2（ADC_SMPR2）

31	30	29	28	27	26	25	24	23	22	21	20	19	18	17	16
保留		SMP9[2:0]			SMP8[2:0]			SMP7[2:0]			SMP6[2:0]			SMP5[2:1]	
		rw			rw			rw			rw			rw	

15	14	13	12	11	10	9	8	7	6	5	4	3	2	1	0
SMP0	SMP4[2:0]			SMP3[2:0]			SMP2[2:0]			SMP1[2:0]			SMP0[2:0]		
rw	rw			rw			rw			rw			rw		

位 31:30	保留，必须保持为 0
位 29:0	SMPx[2:0]：选择通道 x 的采样时间（Channel x Sample time selection）。 这些位用于独立地选择每个通道的采样时间。在采样周期中通道选择位必须保持不变。 000：1.5 周期；100：41.5 周期； 001：7.5 周期；101：55.5 周期； 010：13.5 周期；110：71.5 周期； 011：28.5 周期；111：239.5 周期。 注：ADC3 模拟输入通道 9 与 Vss 相连

7.4.6　ADC 注入通道数据偏移寄存器 x（ADC_JOFRx）（x = 1，…，4）

31	30	29	28	27	26	25	24	23	22	21	20	19	18	17	16
保留															

15	14	13	12	11	10	9	8	7	6	5	4	3	2	1	0
保留				JOFFSETx[11:0]											
				rw											

位 31:12	保留，必须保持为 0
位 11:0	JOFFSETx[11:0]：注入通道 x 的数据偏移（Data offset for injected channel x） 当转换注入通道时，这些位定义了用于从原始转换数据中减去的数值。转换的结果可以在 ADC_JDRx 寄存器中读出

7.4.7　ADC 看门狗高阈值寄存器（ADC_HTR）

31	30	29	28	27	26	25	24	23	22	21	20	19	18	17	16
保留															

15	14	13	12	11	10	9	8	7	6	5	4	3	2	1	0
保留				HT[11:0]											
				rw											

位 31:12	保留，必须保持为 0
位 11:0	HT[11:0]：模拟看门狗高阈值（Analog watchdog high threshold）。 这些位定义了模拟看门狗的阈值高限

7.4.8 ADC看门狗低阈值寄存器（ADC_LRT）

<table>
<tr><td>31</td><td>30</td><td>29</td><td>28</td><td>27</td><td>26</td><td>25</td><td>24</td><td>23</td><td>22</td><td>21</td><td>20</td><td>19</td><td>18</td><td>17</td><td>16</td></tr>
<tr><td colspan="16">保留</td></tr>
<tr><td>15</td><td>14</td><td>13</td><td>12</td><td>11</td><td>10</td><td>9</td><td>8</td><td>7</td><td>6</td><td>5</td><td>4</td><td>3</td><td>2</td><td>1</td><td>0</td></tr>
<tr><td colspan="4">保留</td><td colspan="12">LT[11:0]</td></tr>
<tr><td colspan="4"></td><td colspan="12">rw</td></tr>
</table>

位	说明
位31:12	保留。必须保持为0
位11:0	LT[11:0]：模拟看门狗低阈值（Analog watchdog low threshold）。 这些位定义了模拟看门狗的阈值低限

7.4.9 ADC规则序列寄存器1（ADC_SQR1）

<table>
<tr><td>31</td><td>30</td><td>29</td><td>28</td><td>27</td><td>26</td><td>25</td><td>24</td><td>23</td><td>22</td><td>21</td><td>20</td><td>19</td><td>18</td><td>17</td><td>16</td></tr>
<tr><td colspan="8">保留</td><td colspan="4">L[3:0]</td><td colspan="4">SQ16[4:1]</td></tr>
<tr><td colspan="8"></td><td colspan="4">rw</td><td colspan="4">rw</td></tr>
<tr><td>15</td><td>14</td><td>13</td><td>12</td><td>11</td><td>10</td><td>9</td><td>8</td><td>7</td><td>6</td><td>5</td><td>4</td><td>3</td><td>2</td><td>1</td><td>0</td></tr>
<tr><td>SQ16_0</td><td colspan="5">SQ15[4:0]</td><td colspan="5">SQ14[4:0]</td><td colspan="5">SQ13[4:0]</td></tr>
<tr><td>rw</td><td colspan="5">rw</td><td colspan="5">rw</td><td colspan="5">rw</td></tr>
</table>

位	说明
位31:24	保留，必须保持为0
位23:20	L[3:0]：规则通道序列长度（Regular channel sequence length）。 这些位由软件定义在规则通道转换序列中的通道数目。 0000：1个转换； 0001：2个转换； …… 1111：16个转换
位19:15	SQ16[4:0]：规则序列中的第16个转换（16th conversion in regular sequence）。 这些位由软件定义转换序列中的第16个转换通道的编号（0～17）
位14:10	SQ15[4:0]：规则序列中的第15个转换（15th conversion in regular sequence）
位9:5	SQ14[4:0]：规则序列中的第14个转换（14th conversion in regular sequence）
位4:0	SQ13[4:0]：规则序列中的第13个转换（13th conversion in regular sequence）

7.4.10 ADC规则序列寄存器2（ADC_SQR2）

<table>
<tr><td>31</td><td>30</td><td>29</td><td>28</td><td>27</td><td>26</td><td>25</td><td>24</td><td>23</td><td>22</td><td>21</td><td>20</td><td>19</td><td>18</td><td>17</td><td>16</td></tr>
<tr><td colspan="2">保留</td><td colspan="5">SQ12[4:0]</td><td colspan="5">SQ11[3:0]</td><td colspan="4">SQ10[4:1]</td></tr>
<tr><td colspan="2"></td><td colspan="5">rw</td><td colspan="5">rw</td><td colspan="4">rw</td></tr>
<tr><td>15</td><td>14</td><td>13</td><td>12</td><td>11</td><td>10</td><td>9</td><td>8</td><td>7</td><td>6</td><td>5</td><td>4</td><td>3</td><td>2</td><td>1</td><td>0</td></tr>
<tr><td>SQ10_0</td><td colspan="5">SQ9[4:0]</td><td colspan="5">SQ8[4:0]</td><td colspan="5">SQ7[4:0]</td></tr>
<tr><td>rw</td><td colspan="5">rw</td><td colspan="5">rw</td><td colspan="5">rw</td></tr>
</table>

位	说明
位31:30	保留，必须保持为0
位29:25	SQ12[4:0]：规则序列中的第12个转换（12th conversion in regular sequence）。 这些位由软件定义转换序列中的第12个转换通道的编号（0～17）
位24:20	SQ11[4:0]：规则序列中的第11个转换（11th conversion in regular sequence）

续表

位 19:15	SQ10[4:0]：规则序列中的第 10 个转换（10th conversion in regular sequence）
位 14:10	SQ9[4:0]：规则序列中的第 9 个转换（9th conversion in regular sequence）
位 9:5	SQ8[4:0]：规则序列中的第 8 个转换（8th conversion in regular sequence）
位 4:0	SQ7[4:0]：规则序列中的第 7 个转换（7th conversion in regular sequence）

7.4.11　ADC 规则序列寄存器 3（ADC_SQR3）

31 30	29 28 27 26 25	24 23 22 21 20	19 18 17 16
保留	SQ6[4:0]	SQ5[3:0]	SQ4[4:1]
	rw	rw	rw

15	14 13 12 11 10	9 8 7 6 5	4 3 2 1 0
SQ4_0	SQ3[4:0]	SQ2[4:0]	SQ1[4:0]
rw	rw	rw	rw

位 31:30	保留，必须保持为 0
位 29:25	SQ6[4:0]：规则序列中的第 6 个转换（6th conversion in regular sequence）。 这些位由软件定义转换序列中的第 6 个转换通道的编号（0～17）
位 24:20	SQ5[4:0]：规则序列中的第 5 个转换（5th conversion in regular sequence）
位 19:15	SQ4[4:0]：规则序列中的第 4 个转换（4th conversion in regular sequence）
位 14:10	SQ3[4:0]：规则序列中的第 3 个转换（3th conversion in regular sequence）
位 9:5	SQ2[4:0]：规则序列中的第 2 个转换（2th conversion in regular sequence）
位 4:0	SQ1[4:0]：规则序列中的第 1 个转换（1th conversion in regular sequence）

7.4.12　ADC 注入序列寄存器（ADC_JSQR）

31 30 29 28 27 26 25 24 23 22	21 20	19 18 17 16
保留	JL[3:0]	JSQ4[4:1]
	rw	rw

15	14 13 12 11 10	9 8 7 6 5	4 3 2 1 0
JSQ4_0	JSQ3[4:0]	JSQ2[4:0]	JSQ1[4:0]
rw	rw	rw	rw

位 31:22	保留，必须保持为 0
位 21:20	JL[1:0]：注入通道序列长度（Injected sequence length）。 这些位由软件定义在规则通道转换序列中的通道数目。 00：1 个转换； 01：2 个转换； 10：3 个转换； 11：4 个转换
位 19:15	JSQ4[4:0]：注入序列中的第 4 个转换（4th conversion in injected sequence）。 这些位由软件定义转换序列中的第 4 个转换通道的编号（0～17）。 注：不同于规则转换序列，如果 JL[1:0]的长度小于 4，则转换的序列顺序是从（4－JL）开始。例如：ADC_JSQR[21:0]＝10 00011 00011 00111 00010，意味着扫描转换将按下列通道顺序转换：7、3、3，而不是 2、7、3
位 14:10	JSQ3[4:0]：注入序列中的第 3 个转换（3rd conversion in injected sequence）

续表

位 9:5	JSQ2[4:0]：注入序列中的第 2 个转换（2nd conversion in injected sequence）
位 4:0	JSQ1[4:0]：注入序列中的第 1 个转换（1st conversion in injected sequence）

7.4.13 ADC 注入数据寄存器 x（ADC_JDRx）（x=1，…，4）

31	30	29	28	27	26	25	24	23	22	21	20	19	18	17	16
保留															
15	**14**	**13**	**12**	**11**	**10**	**9**	**8**	**7**	**6**	**5**	**4**	**3**	**2**	**1**	**0**
JDATA[15:0]															
r															

位 31:16	保留，必须保持为 0
位 15:0	JDATA[15:0]：注入转换的数据（Injected data）。 这些位为只读，包含了注入通道的转换结果。数据是左对齐或右对齐

7.4.14 ADC 规则数据寄存器（ADC_DR）

31	30	29	28	27	26	25	24	23	22	21	20	19	18	17	16
ADC2DATA[15:0]															
r															
15	**14**	**13**	**12**	**11**	**10**	**9**	**8**	**7**	**6**	**5**	**4**	**3**	**2**	**1**	**0**
DATA[15:0]															
r															

位 31:16	ADC2DATA[15:0]：ADC2 转换的数据（ADC2 data）。 -在 ADC1 中：双模式下，这些位包含了 ADC2 转换的规则通道数据。 -在 ADC2 和 ADC3 中：不使用这些位
位 15:0	DATA[15:0]：规则转换的数据（Regular data） 这些位为只读，包含了规则通道的转换结果。数据是左对齐或右对齐

7.5 硬件连接

AD 转换硬件电路如图 7.2 所示。

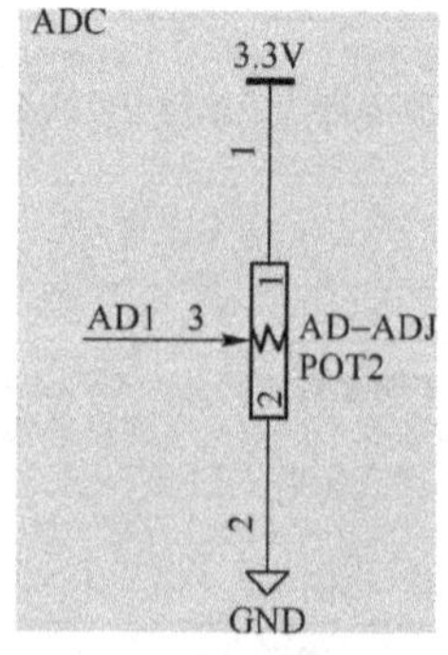

图 7.2　AD 转换硬件电路

7.6 范例程序

```
/************************************************************************
深圳信盈达嵌入式培训中心
************************************************************************/
#include "stm32f10x.h"
#include "stm32lib.h"
#include "api.h"
/************************************************************************
** 函数信息:void ADCInit(void)
** 功能描述:ADC 初始化函数
** 输入参数:
** 输出参数:无
** 调用提示:
************************************************************************/
void ADCInit(void)
{
    ADC_InitTypeDef    ADC_InitStructure;

    RCC_APB2PeriphClockCmd(RCC_APB2Periph_ADC1, ENABLE);
    /* ADC1 */
    ADC_InitStructure.ADC_Mode                  = ADC_Mode_Independent;   //独立模式
    ADC_InitStructure.ADC_ScanConvMode          = ENABLE;                 //连续多通道模式
    ADC_InitStructure.ADC_ContinuousConvMode    = ENABLE;                 //连续转换
    ADC_InitStructure.ADC_ExternalTrigConv      = ADC_ExternalTrigConv_None;  //转换不受外界决定
    ADC_InitStructure.ADC_DataAlign             = ADC_DataAlign_Right;    //右对齐
    ADC_InitStructure.ADC_NbrOfChannel          = 1;                      //扫描通道数
    ADC_Init(ADC1, &ADC_InitStructure);

    ADC_RegularChannelConfig(ADC1,ADC_Channel_1, 1, ADC_SampleTime_55Cycles5);

    //通道 1,采用时间为 55.5 周期,1 代表规则通道第 1 个

    ADC_Cmd(ADC1, ENABLE);                        // Enable ADC1
    ADC_SoftwareStartConvCmd(ADC1,ENABLE);        //转换开始
}

/************************************************************************
** 函数信息:int main (void)
** 功能描述:开机后,ARMLED 闪动,开始采集 AD 值,并通过串口发往上位机显示出来
** 输入参数:
```

```
** 输出参数:
** 调用提示:
*************************************************************************/
int main(void)
{
    u32  ADC_Data, temp;
    char str[8];

    SystemInit();                          //系统初始化,初始化系统时钟
    GPIOInit();                            //GPIO 初始化,凡是实验用到的都要初始化
    TIM2Init();                            //TIM2 初始化,LED 灯闪烁需要 TIM2
    SysTickInit();                         //用于延时程序
    UART1Init(115200);                     //UART1 初始化,收发数据
    ADCInit();                             //ADC 初始化

    if(ADC_GetFlagStatus(ADC1, ADC_FLAG_EOC) == SET)    //第一次转换的值一般不准确,舍弃
        ADC_Data = ADC_GetConversionValue(ADC1);

    SysTick_Dly = 50;
    while(SysTick_Dly)                     //延时 50 毫秒

    while(1)
        {
            if(ADC_GetFlagStatus(ADC1, ADC_FLAG_EOC) == SET)//转换完成
                ADC_Data = ADC_GetConversionValue(ADC1);

                ADC_Data = (ADC_Data * 3300)/4095; // 3300 表示参考电压是 3.3V,4095 表
                                                     示 12 位 ADC 转换结果的最大值

            QueueWriteStr(UART1SendBuf,"  \r\nADC 采样值:");
            str[0] = ADC_Data/1000 + '0';
            str[1] = '.';                  //换算成实际电压值
            temp =   ADC_Data% 1000;
            str[2] = temp/100 + '0';
            temp =   temp% 100;
            str[3] = temp/10 + '0';
            str[4] = 'V';
            str[5] = '\0';
            QueueWriteStr(UART1SendBuf, str);

            SysTick_Dly = 1000;
            while(SysTick_Dly);              //延时 1 秒
        }

}
```

第 8 章 定时器实验

8.1 通用定时器简介

通用定时器由一个 16 位自动装载计数器构成，它由一个可编程预分频器来驱动。通用定时器适用于多种场合，包括测量输入信号的脉冲长度（输入捕获模式）或产生输出波形（输出比较模式或 PWM 输出模式）。

通用定时器使用定时器预分频器和 RCC 时钟控制器预分频器来控制计数频率，脉冲长度和波形周期可以在几微秒到几毫秒间调整。每个定时器都是完全独立的，没有相互共享任何资源。

8.2 STM32 系列通用定时器特点

- 16 位向上、向下、向上/ 向下自动装载计数器。
- 16 位可编程（可以实时修改）预分频器，计数器时钟频率的分频系数为 1 ～ 65536 之间的任意数值。
- 4 个独立通道：
  —输入捕获；
  —输出比较；
  —PWM 生成（边缘或中间对齐模式）；
  —单脉冲模式输出。
- 死区时间可编程的互补输出。
- 使用外部信号控制定时器和定时器互联的同步电路。
- 以下事件发生时产生中断/DMA。
  —更新：计数器向上溢出/向下溢出，计数器初始化（通过软件或者内部/外部触发）；
  —触发事件（计数器启动、停止、初始化，或者由内部/外部触发计数）；
  —输入捕获；
  —输出比较；
  —刹车信号输入。
- 支持针对定位的增量（正交）编码器和霍尔传感器电路。
- 触发输入作为外部时钟或按周期的电流管理。

通用定时器框图如图 8.1 所示。

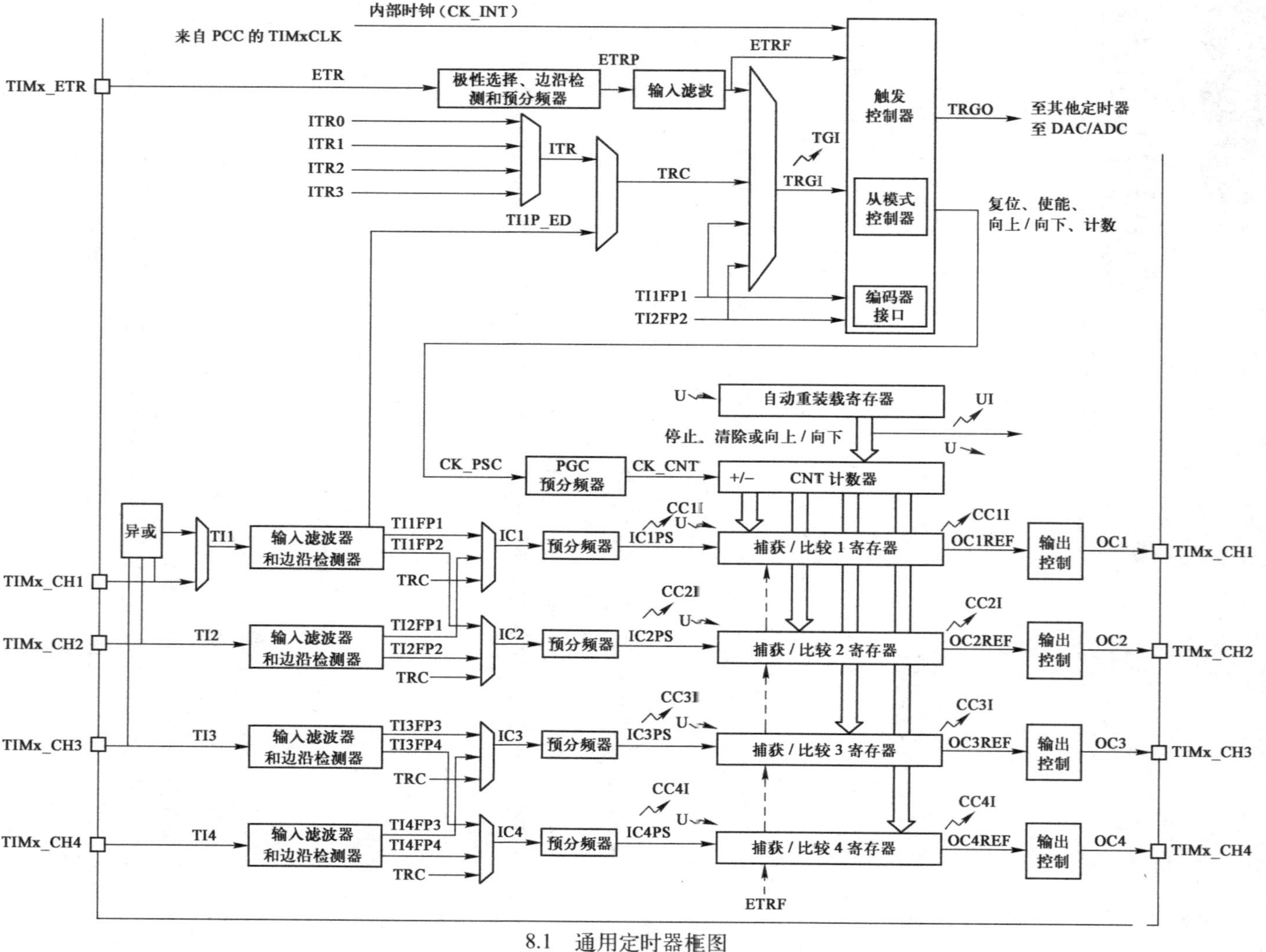

内部时钟（CK_INT）
来自 PCC 的 TIMxCLK
TIMx_ETR
ETR
极性选择、边沿检测和预分频器
ETRP
输入滤波
ETRF
触发控制器
TRGO
至其他定时器
至 DAC/ADC
ITR0
ITR1
ITR2
ITR3
ITR
TRC
TI1P_ED
TGI
TRGI
从模式控制器
复位、使能、向上 / 向下、计数
TI1FP1
TI2FP2
编码器接口
U
自动重装载寄存器
UI
停止、清除或向上 / 向下
CK_PSC
PGC 预分频器
CK_CNT
+/- CNT 计数器
异或
TI1
TI2
TI3
TI4
输入滤波器和边沿检测器
TI1FP1
TI1FP2
TI2FP1
TI2FP2
TI3FP3
TI3FP4
TI4FP3
TI4FP4
TRC
IC1
IC2
IC3
IC4
预分频器
IC1PS
IC2PS
IC3PS
IC4PS
CC1I
CC2I
CC3I
CC4I
捕获 / 比较 1 寄存器
捕获 / 比较 2 寄存器
捕获 / 比较 3 寄存器
捕获 / 比较 4 寄存器
ETRF
OC1REF
OC2REF
OC3REF
OC4REF
输出控制
OC1
OC2
OC3
OC4
TIMx_CH1
TIMx_CH2
TIMx_CH3
TIMx_CH4

8.1 通用定时器框图

8.3 与基本定时器相关的寄存器

1. 控制寄存器 1（TIMx_CR1）

15–10	9–8	7	6–5	4	3	2	1	0
保留	CKD[1:0]	ARPE	CMS[1:0]	DIR	OPM	URS	UDIS	CEN
	rw	rw	rw	rw	rw	rw	rw	rw

位	说明
位 15:10	保留，始终读为 0
位 9:8	CKD[1:0]：时钟分频因子（Clock division）。 定义在定时器时钟（CK_INT）频率与数字滤波器（ETR，TIx）使用的采样频率之间的分频比例。 00：$t_{DTS} = t_{CK\_INT}$； 01：$t_{DTS} = 2 \times t_{CK\_INT}$； 10：$t_{DTS} = 4 \times t_{CK\_INT}$； 11：保留
位 7	ARPE：自动重装载预装载允许位（Auto – reload preload enable）。 0：TIMx_ARR 寄存器没有缓冲； 1：TIMx_ARR 寄存器被装入缓冲器
位 6:5	CMS[1:0]：选择中央对齐模式（Center – aligned mode selection）。 00：边沿对齐模式。计数器依据方向位（DIR）向上或向下计数。 01：中央对齐模式 1。计数器交替地向上和向下计数。配置为输出的通道（TIMx_CCMRx 寄存器中 CCxS = 00）的输出比较中断标志位，只在计数器向下计数时被设置。 10：中央对齐模式 2。计数器交替地向上和向下计数。配置为输出的通道（TIMx_CCMRx 寄存器中 CCxS = 00）的输出比较中断标志位，只在计数器向上计数时被设置。 11：中央对齐模式 3。计数器交替地向上和向下计数。配置为输出的通道（TIMx_CCMRx 寄存器中 CCxS = 00）的输出比较中断标志位，在计数器向上和向下计数时均被设置。 注：在计数器开启时（CEN = 1），不允许从边沿对齐模式转换到中央对齐模式
位 4	DIR：方向（Direction）。 0：计数器向上计数； 1：计数器向下计数。 注：当计数器配置为中央对齐模式或编码器模式时，该位为只读
位 3	OPM：单脉冲模式（One pulse mode）。 0：在发生更新事件时，计数器不停止； 1：在发生下一次更新事件（清除 CEN 位）时，计数器停止
位 2	URS：更新请求源（Update request source）。 软件通过该位选择 UEV 事件的源。 0：如果使能了更新中断或 DMA 请求，则下述任一事件都将产生更新中断或 DMA 请求。 – 计数器溢出/下溢； – 设置 UG 位； – 从模式控制器产生的更新。 1：如果使能了更新中断或 DMA 请求，则只有计数器溢出/下溢才产生更新中断或 DMA 请求
位 1	UDIS：禁止更新（Update disable）。 软件通过该位允许/禁止 UEV 事件的产生。 0：允许 UEV。更新（UEV）事件由下述任一事件产生： – 计数器溢出/下溢； – 设置 UG 位； – 从模式控制器产生的更新。 具有缓存的寄存器被装入它们的预装载值（更新影子寄存器）。 1：禁止 UEV。不产生更新事件，影子寄存器（ARR、PSC、CCRx）保持它们的值。如果设置了 UG 位或从模式控制器发出了一个硬件复位，则计数器和预分频器被重新初始化

续表

位 0	CEN：使能计数器。 0：禁止计数器； 1：使能计数器。 注：在软件设置了 CEN 位后，外部时钟、门控模式和编码器模式才能工作。触发模式可以自动地通过硬件设置 CEN 位。 在单脉冲模式下，当发生更新事件时，CEN 被自动清除

2. 控制寄存器 2（TIMx_CR2）

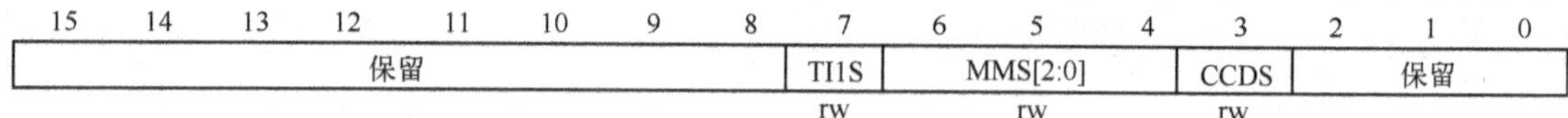

位 15:8	保留，始终读为 0
位 7	TI1S：TI1 选择（TI1 selection）。 0：TIMx_CH1 引脚连到 TI1 输入； 1：TIMx_CH1、TIMx_CH2 和 TIMx_CH3 引脚经异或后连到 TI1 输入
位 6:4	MMS[2:0]：主模式选择（Master mode selection）。 这 3 位用于选择在主模式下送到从定时器的同步信息（TRGO）。可能的组合如下。 000：复位－TIMx_EGR 寄存器的 UG 位被用做触发输出（TRGO）。如果是触发输入产生的复位（从模式控制器处于复位模式），则 TRGO 上的信号相对实际的复位会有 个延迟。 001：使能－计数器使能信号 CNT_EN 被用做触发输出（TRGO）。有时需要在同一时间启动多个定时器或控制在一段时间内使能从定时器。计数器使能信号是通过 CEN 控制位和门控模式下的触发输入信号的逻辑或产生。 当计数器使能信号受控于触发输入时，TRGO 上会有一个延迟，除非选择了主/从模式（见 TIMx_SMCR 寄存器中 MSM 位的描述）。 010：更新－更新事件被选为触发输入（TRGO）。例如，一个主定时器的时钟可以被用作一个从定时器的预分频器。 011：比较脉冲－在发生一次捕获或一次比较成功时，当要设置 CC1IF 标志时（即使它已经为高），触发输出送出一个正脉冲（TRGO）。 100：比较－OC1REF 信号被用做触发输出（TRGO）。 101：比较－OC2REF 信号被用做触发输出（TRGO）。 110：比较－OC3REF 信号被用做触发输出（TRGO）。 111：比较－OC4REF 信号被用做触发输出（TRGO）
位 3	CCDS：捕获/比较的 DMA 选择。 0：当发生 CCx 事件时，送出 CCx 的 DMA 请求； 1：当发生更新事件时，送出 CCx 的 DMA 请求
位 2:0	保留，始终读为 0

3. 从模式控制寄存器（TIMx_SMCR）

15	14	13	12	11	10	9	8	7	6	5	4	3	2	1	0
ETP	ECE	ETPS[1:0]		ETF[3:0]				MSM	TS[2:0]			保留	SMS[2:0]		
rw	rw	rw		rw				rw	rw				rw		

位 15	ETP：外部触发极性（External trigger polarity）。 该位选择是用 ETR，还是 ETR 的反相来作为触发操作。 0：ETR 不反相，高电平或上升沿有效； 1：ETR 被反相，低电平或下降沿有效

续表

位 14	ECE：外部时钟使能位（External clock enable）。 该位启用外部时钟模式 2。 0：禁止外部时钟模式 2； 1：使能外部时钟模式 2。计数器由 ETRF 信号上的任意有效边沿驱动。 注：（1）设置 ECE 位与选择外部时钟模式 1 并将 TRGI 连到 ETRF（SMS = 111 和 TS = 111）具有相同功效。 （2）下述从模式可以与外部时钟模式 2 同时使用：复位模式、门控模式和触发模式；但是，这时 TRGI 不能连到 ETRF（TS 位不能是‘111’）。 （3）外部时钟模式 1 和外部时钟模式 2 同时被使能时，外部时钟的输入是 ETRF
位 13:12	ETPS[1:0]：外部触发预分频（External trigger prescaler）。 外部触发信号 ETRP 的频率必须最多是 CK_INT 频率的 1/4。当输入较快的外部时钟时，可以使用预分频降低 ETRP 的频率。 00：关闭预分频； 01：ETRP 频率除以 2； 10：ETRP 频率除以 4； 11：ETRP 频率除以 8
位 11:8	ETF[3:0]：外部触发滤波（External trigger filter）。 这些位定义了对 ETRP 信号采样的频率和对 ETRP 数字滤波的带宽。实际上，数字滤波器是一个事件计数器，它记录到 N 个事件后会产生一个输出的跳变。 0000：无滤波器，以 f_{DTS} 采样；1000：采样频率 $f_{SAMPLING} = f_{DTS}/8$，$N = 6$； 0001：采样频率 $f_{SAMPLING} = f_{CK\_INT}$，$N = 2$；1001：采样频率 $f_{SAMPLING} = f_{DTS}/8$，$N = 8$； 0010：采样频率 $f_{SAMPLING} = f_{CK\_INT}$，$N = 4$；1010：采样频率 $f_{SAMPLING} = f_{DTS}/16$，$N = 5$； 0011：采样频率 $f_{SAMPLING} = f_{CK\_INT}$，$N = 8$；1011：采样频率 $f_{SAMPLING} = f_{DTS}/16$，$N = 6$； 0100：采样频率 $f_{SAMPLING} = f_{DTS}/2$，$N = 6$；1100：采样频率 $f_{SAMPLING} = f_{DTS}/16$，$N = 8$； 0101：采样频率 $f_{SAMPLING} = f_{DTS}/2$，$N = 8$；1101：采样频率 $f_{SAMPLING} = f_{DTS}/32$，$N = 5$； 0110：采样频率 $f_{SAMPLING} = f_{DTS}/4$，$N = 6$；1110：采样频率 $f_{SAMPLING} = f_{DTS}/32$，$N = 6$； 0111：采样频率 $f_{SAMPLING} = f_{DTS}/4$，$N = 8$；1111：采样频率 $f_{SAMPLING} = f_{DTS}/32$，$N = 8$
位 7	MSM：主/从模式（Master/slave mode）。 0：无作用； 1：触发输入（TRGI）上的事件被延迟了，以允许在当前定时器（通过 TRGO）与它的从定时器间的完美同步。这对要求把几个定时器同步到一个单一的外部事件时是非常有用的
位 6:4	TS[2:0]：触发选择（Trigger selection）； 这 3 位选择用于同步计数器的触发输入。 000：内部触发 0（ITR0），TIM1；100：TI1 的边沿检测器（TI1F_ED）； 001：内部触发 1（ITR1），TIM2；101：滤波后的定时器输入 1（TI1FP1）； 010：内部触发 2（ITR2），TIM3；110：滤波后的定时器输入 2（TI2FP2）； 011：内部触发 3（ITR3），TIM4；111：外部触发输入（ETRF）。 注：这些位只能在未用到（如 SMS = 000）时被改变，以避免在改变时产生错误的边沿检测
位 3	保留，始终读为 0
位 2:0	SMS[2:0]：从模式选择（Slave mode selection）。 当选择了外部信号，触发信号（TRGI）的有效边沿与选中的外部输入极性相关（见输入控制寄存器和控制寄存器的说明）。 000：关闭从模式－如果 CEN = 1，则预分频器直接由内部时钟驱动。 001：编码器模式 1－根据 TI1FP1 的电平，计数器在 TI2FP2 的边沿向上/下计数。 010：编码器模式 2－根据 TI2FP2 的电平，计数器在 TI1FP1 的边沿向上/下计数。 011：编码器模式 3－根据另一个信号的输入电平，计数器在 TI1FP1 和 TI2FP2 的边沿向上/下计数。 100：复位模式－选中的触发输入（TRGI）的上升沿重新初始化计数器，并且产生一个更新寄存器的信号。 101：门控模式－当触发输入（TRGI）为高时，计数器的时钟开启。一旦触发输入变为低，则计数器停止（但不复位）。计数器的启动和停止都是受控的。 110：触发模式－计数器在触发输入 TRGI 的上升沿启动（但不复位），只有计数器的启动是受控的。 111：外部时钟模式 1－选中的触发输入（TRGI）的上升沿驱动计数器。 注：如果 TI1F_EN 被选为触发输入（TS = 100）时，不要使用门控模式。这是因为，TI1F_ED 在每次 TI1F 变化时输出一个脉冲，然而门控模式需要检查触发输入的电平

4. 状态寄存器（TIMx_SR）

15	14	13	12	11	10	9	8	7	6	5	4	3	2	1	0
保留			CC4OF	CC3OF	CC2OF	CC1OF	保留		TIF	保留	CC4IF	CC3IF	CC2IF	CC1IF	UIF
			rc w0	rc w0	rc w0	rc w0			rc w0		rc w0	rc w0	rc w0	rc w0	rc w0

位 15:13	保留，始终读为 0
位 12	CC4OF：捕获/比较 4 重复捕获标记（Capture/Compare 4 overcapture flag）参见 CC1OF 描述
位 11	CC3OF：捕获/比较 3 重复捕获标记（Capture/Compare 3 overcapture flag）参见 CC1OF 描述
位 10	CC2OF：捕获/比较 2 重复捕获标记（Capture/Compare 2 overcapture flag）参见 CC1OF 描述
位 9	CC1OF：捕获/比较 1 重复捕获标记（Capture/Compare 1 overcapture flag）。 仅当相应的通道被配置为输入捕获时，该标记可由硬件置‘1’，写‘0’可清除该位。 0：无重复捕获产生； 1：当计数器的值被捕获到 TIMx_CCR1 寄存器时，CC1IF 的状态已经为‘1’
位 8:7	保留，始终读为 0
位 6	TIF：触发器中断标记（Trigger interrupt flag） 当发生触发事件（当从模式控制器处于除门控模式外的其他模式时，在 TRGI 输入端检测到有效边沿，或门控模式下的任一边沿）时由硬件对该位置‘1’，它由软件清‘0’。 0：无触发器事件产生； 1：触发器中断等待响应
位 5	保留，始终读为 0
位 4	CC4IF：捕获/比较 4 中断标记（Capture/Compare 4 interrupt flag）参考 CC1IF 描述
位 3	CC3IF：捕获/比较 3 中断标记（Capture/Compare 4 interrupt flag）参考 CC1IF 描述
位 2	CC2IF：捕获/比较 2 中断标记（Capture/Compare 4 interrupt flag）参考 CC1IF 描述
位 1	CC1IF：捕获/比较 1 中断标记（Capture/Compare 1 interrupt flag）。 如果通道 CC1 配置为输出模式： 当计数器值与比较值匹配时该位由硬件置‘1’，但在中心对称模式下除外（参考 TIMx_CR1 寄存器的 CMS 位），它由软件清‘0’。 0：无匹配发生； 1：TIMx_CNT 的值与 TIMx_CCR1 的值匹配。 如果通道 CC1 配置为输入模式： 当捕获事件发生时该位由硬件置‘1’，它由软件清‘0’或通过读 TIMx_CCR1 清‘0’。 0：无输入捕获产生； 1：计数器值已被捕获（拷贝）至 TIMx_CCR1（在 IC1 上检测到与所选极性相同的边沿）
位 0	UIF：更新中断标记（Update interrupt flag）。 当产生更新事件时该位由硬件置‘1’，它由软件清‘0’。 0：无更新事件产生； 1：更新中断等待响应。当寄存器被更新时该位由硬件置‘1’： 若 TIMx_CR1 寄存器的 UDIS＝0、URS＝0，当 TIMx_EGR 寄存器的 UG＝1 时产生更新事件（软件对计数器 CNT 重新初始化）； －若 TIMx_CR1 寄存器的 UDIS＝0、URS＝0，当计数器 CNT 被触发事件重初始化时产生更新事件（参考同步控制寄存器的说明）

5. 事件产生寄存器（TIMx_EGR）

15	14	13	12	11	10	9	8	7	6	5	4	3	2	1	0
保留									TG	保留	CC4G	CC3G	CC2G	CC1G	UG
									w		w	w	w	w	w

位 15:7	保留，始终读为 0
位 6	TG：产生触发事件（Trigger generation） 该位由软件置‘1’，用于产生一个触发事件，由硬件自动清‘0’。 0：无动作； 1：TIMx_SR 寄存器的 TIF = 1，若开启对应的中断和 DMA，则产生相应的中断和 DMA
位 5	保留，始终读为 0
位 4	CC4G：产生捕获/比较 4 事件（Capture/compare 4 generation）参考 CC1G 描述
位 3	CC3G：产生捕获/比较 3 事件（Capture/compare 4 generation）参考 CC1G 描述
位 2	CC2G：产生捕获/比较 2 事件（Capture/compare 4 generation）参考 CC1G 描述
位 1	CC1G：产生捕获/比较 1 事件（Capture/compare 1 generation）。 该位由软件置‘1’，用于产生一个捕获/比较事件，由硬件自动清‘0’。 0：无动作； 1：在通道 CC1 上产生一个捕获/比较事件。 若通道 CC1 配置为输出： 设置 CC1IF = 1，若开启对应的中断和 DMA，则产生相应的中断和 DMA。 若通道 CC1 配置为输入： 当前的计数器值捕获至 TIMx_CCR1 寄存器；设置 CC1IF = 1，若开启对应的中断和 DMA，则产生相应的中断和 DMA。若 CC1IF 已经为 1，则设置 CC1OF = 1
位 0	UG：产生更新事件（Update generation）。 该位由软件置‘1’，由硬件自动清‘0’。 0：无动作； 1：重新初始化计数器，并产生一个更新事件。注意预分频器的计数器也被清‘0’（但是预分频系数不变）。若在中心对称模式下或 DIR = 0（向上计数）则计数器被清‘0’，若 DIR = 1（向下计数）则计数器取 TIMx_ARR 的值

6. 计数器（TIMx_CNT）

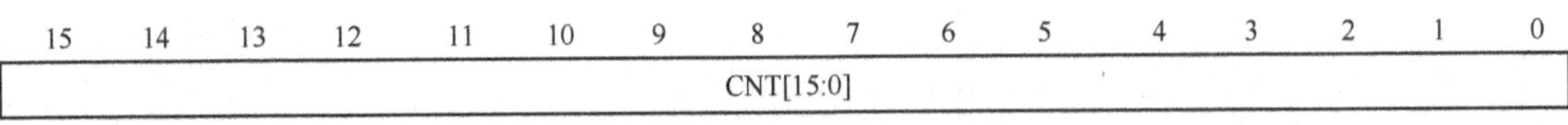

位 15:0	CNT[15:0]：计数器的值（Counter value）

7. 预分频器（TIMx_PSC）

15	14	13	12	11	10	9	8	7	6	5	4	3	2	1	0
PSC[15:0]															
rw															

位 15:0	PSC[15:0]：预分频器的值（Prescaler value） 计数器的时钟频率 CK_CNT 等于 f_{CK_PSC}/（PSC[15:0] + 1）。 PSC 包含了当更新事件产生时装入当前预分频器寄存器的值

8. 自动重装载寄存器（TIMx_ARR）

15	14	13	12	11	10	9	8	7	6	5	4	3	2	1	0
ARR[15:0]															
rw															

位 15:0	ARR[15:0]：自动重装载的值（Auto reload value） ARR 包含了将要传送至实际的自动重装载寄存器的数值。 当自动重装载的值为空时，计数器不工作

8.4 范例程序

```
/**********************************************************************************
深圳信盈达嵌入式培训中心
**********************************************************************************/
#include "stm32f10x.h"
#include "stm32lib.h"
#include "api.h"

/**********************************************************************************
** 函数信息:void TIME2_NVIC_Init(void)
** 功能描述:中断配置初始化函数
** 输入参数:无
** 输出参数:无
** 调用提示:
**********************************************************************************/
void TIME2_NVIC_Init(void)
{
    NVIC_InitTypeDef   NVIC_InitStructure;

    NVIC_PriorityGroupConfig(NVIC_PriorityGroup_0);
    NVIC_InitStructure.NVIC_IRQChannel = TIM2_IRQn;
    NVIC_InitStructure.NVIC_IRQChannelPreemptionPriority = 0;
    NVIC_InitStructure.NVIC_IRQChannelSubPriority = 0;
    NVIC_InitStructure.NVIC_IRQChannelCmd = ENABLE;
    NVIC_Init(&NVIC_InitStructure);

}


/**********************************************************************************
** 函数信息:void TIM2Init(void)
** 功能描述:TIM2Init 初始化函数,设置为 50 毫秒中断一次
** 输入参数:无
** 输出参数:无
** 调用提示:RCC_APB1PeriphClockCmd()
```

```
*************************************************************************/
void TIM2Init(void)
{
    TIM_TimeBaseInitTypeDef   TIM_TimeBaseStructure;

    RCC_APB1PeriphClockCmd(RCC_APB1Periph_TIM2, ENABLE);  //开启 TIM2 时钟
        TIM_DeInit(TIM2);                                 //复位 TIM2,可以设置数据
    TIM_TimeBaseStructure.TIM_Period = 500;               //计数值,计数等于该数则发生中断
    TIM_TimeBaseStructure.TIM_Prescaler = (7200 - 1); //分频数,即每 72M/7200 计数一次
    TIM_TimeBaseStructure.TIM_ClockDivision = TIM_CKD_DIV1;        //采样分频
    TIM_TimeBaseStructure.TIM_CounterMode = TIM_CounterMode_Up;   //向上计数
    TIM_TimeBaseInit(TIM2, &TIM_TimeBaseStructure);
    TIM_ClearFlag(TIM2, TIM_FLAG_Update);                 //清除溢出中断标志
    TIM_ITConfig(TIM2,TIM_IT_Update,ENABLE);
    TIM_Cmd(TIM2, ENABLE);                                //开启定时器

        TIME2_NVIC_Init();                                //配置 TIME 中断
}


/*************************************************************************
** 函数信息:int main (void)
** 功能描述:开机后,使能定时器 2,定时器中断服务函数为 PD2 输出翻转,即 LED 灯闪烁
** 输入参数:
** 输出参数:
** 调用提示:
*************************************************************************/
int main(void)
{
    SystemInit();                      //系统初始化,初始化系统时钟
    GPIOInit();                        //GPIO 初始化,凡是实验用到的都要初始化
    TIM2Init();                        //TIM2 初始化,LED 灯闪烁和蜂鸣器需要 TIM2

        while (1)
            {
                ;
            }
}


/*************************************************************************
** 函数信息:void TIM2_IRQHandler(void)
```

```
** 功能描述:TIM2 中断服务函数,设置为 50 毫秒中断一次
** 输入参数:无
** 输出参数:无
** 调用提示:
*******************************************************************************/
void TIM2_IRQHandler( void)
{
    if ( TIM_GetITStatus( TIM2, TIM_IT_Update) ! = RESET )
        TIM_ClearITPendingBit( TIM2, TIM_FLAG_Update);          //清除中断标志

    if( GPIO_ReadOutputDataBit( GPIOD, GPIO_Pin_2) == Bit_SET)  //判断 PD2 是否为高电平
        GPIO_ResetBits( GPIOD, GPIO_Pin_2);                     //PD2 输出低电平,点亮 ARMLED
    else
        GPIO_SetBits( GPIOD, GPIO_Pin_2);                       //PD2 输出高电平,熄灭 ARMLED

    if( Buzzer_Time)
            {
                GPIO_SetBits( GPIOB, GPIO_Pin_5);               //PB5 输出高电平,蜂鸣器鸣响
                Buzzer_Time --;
            }
    else
        GPIO_ResetBits( GPIOB, GPIO_Pin_5);                     //PB5 输出低电平,蜂鸣器不鸣响

}
```

8.5 作业

用定时器实现流水灯、实现定时 AD 转换。

第9章 中断实验

9.1 中断简介

中断是指 CPU 在正常运行程序时，由于内部/外部事件或由程序预先安排的事件，引起 CPU 中断正在运行的程序，而转到为内部/外部事件或由程序预先安排的事件服务的程序中去，服务完毕，再返回去执行暂时中断的程序。

9.2 STM32 中断特性

- Cortex－M3 内部包含有嵌套向量中断控制器。
- 与内核紧密联系的中断控制器，可支持低中断延时。
- 可对系统异常和外设中断进行控制。
- 16 个可编程的优先等级（使用了 4 位中断优先级）。
- 68 个可屏蔽中断通道（不包含 16 个 Cortex™－M3 的中断线）；可重定位的向量表。
- 不可屏蔽中断。
- 软件中断功能。

嵌套向量中断控制器（NVIC）是 Cortex－M3 的一个内部器件。与 CPU 紧密结合，降低中断延时，让新进中断可以得到高效处理。

9.3 中断向量表

位置	优先级	优先级类型	名　称	说　明	地　址
	—	—	—	保留	0x0000_0000
	－3	固定	Reset	复位	0x0000_0004
	－2	固定	NMI	不可屏蔽中断 RCC 时钟安全系统（CSS）连接到 NMI 向量	0x0000_0008
	－1	固定	硬件失效（HardFault）	所有类型的失效	0x0000_000C
	0	可设置	存储管（MemManage）	存储器管理	0x0000_0010

续表

位置	优先级	优先级类型	名　称	说　明	地　址
	1	可设置	总线错误（BusFault）	预取指失败，存储器访问失败	0x0000_0014
	2	可设置	错误应用（UsageFault）	未定义的指令或非法状态	0x0000_0018
	—	—	—	保留	0x0000_001C ~0x0000_002B
	3	可设置	SVCall	通过 SWI 指令的系统服务调用	0x0000_002C
	4	可设置	调试监控（DebugMonitor）	调试监控器	0x0000_0030
	—	—	—	保留	0x0000_0034
	5	可设置	PendSV	可挂起的系统服务	0x0000_0038
	6	可设置	SysTick	系统嘀嗒定时器	0x0000_003C
0	7	可设置	WWDG	窗口定时器中断	0x0000_0040
1	8	可设置	PVD	连到 EXTI 的电源电压检测（PVD）中断	0x0000_0044
2	9	可设置	TAMPER	侵入检测中断	0x0000_0048
3	10	可设置	RTC	实时时钟（RTC）全局中断	0x0000_004C
4	11	可设置	Flash	闪存全局中断	0x0000_0050
5	12	可设置	RCC	复位和时钟控制（RCC）中断	0x0000_0054
6	13	可设置	EXTI0	EXTI 线 0 中断	0x0000_0058
7	14	可设置	EXTI1	EXTI 线 1 中断	0x0000_005C
8	15	可设置	EXTI2	EXTI 线 2 中断	0x0000_0060
9	16	可设置	EXTI3	EXTI 线 3 中断	0x0000_0064
0	17	可设置	EXTI4	EXTI 线 4 中断	0x0000_0068
11	18	可设置	DMA1 通道 1	DMA1 通道 1 全局中断	0x0000_006C
12	19	可设置	DMA1 通道 2	DMA1 通道 2 全局中断	0x0000_0070
13	20	可设置	DMA1 通道 3	DMA1 通道 3 全局中断	0x0000_0074
14	21	可设置	DMA1 通道 4	DMA1 通道 4 全局中断	0x0000_0078
15	22	可设置	DMA1 通道 5	DMA1 通道 5 全局中断	0x0000_007C
16	23	可设置	DMA1 通道 6	DMA1 通道 6 全局中断	0x0000_0080
17	24	可设置	DMA1 通道 7	DMA1 通道 7 全局中断	0x0000_0084
18	25	可设置	ADC1_2	ADC1 和 ADC2 的全局中断	0x0000_0088
19	26	可设置	USB_HP_CAN_TX	USB 高优先级或 CAN 发送中断	0x0000_008C
20	27	可设置	USB_LP_CAN_RX0	USB 低优先级或 CAN 接收 0 中断	0x0000_0090
21	28	可设置	CAN_RX1	CAN 接收 1 中断	0x0000_0094
22	29	可设置	CAN_SCE	CAN SCE 中断	0x0000_0098
23	30	可设置	EXTI9_5	EXTI 线［9:5］中断	0x0000_009C
24	31	可设置	TIM1_BRK	TIM1 刹车中断	0x0000_00A0

续表

位置	优先级	优先级类型	名 称	说 明	地 址
25	32	可设置	TIM1_UP	TIM1 更新中断	0x0000_00A4
26	33	可设置	TIM1_TRG_COM	TIM1 触发和通信中断	0x0000_00A8
27	34	可设置	TIM1_CC	TIM1 捕获比较中断	0x0000_00AC
28	35	可设置	TIM2	TIM2 全局中断	0x0000_00B0
29	36	可设置	TIM3	TIM3 全局中断	0x0000_00B4
30	37	可设置	TIM4	TIM4 全局中断	0x0000_00B8
31	38	可设置	I2C1_EV	I^2C1 事件中断	0x0000_00BC
32	39	可设置	I2C1_ER	I^2C1 错误中断	0x0000_00C0
33	40	可设置	I2C2_EV	I^2C2 事件中断	0x0000_00C4
34	41	可设置	I2C2_ER	I^2C2 错误中断	0x0000_00C8
35	42	可设置	SPI1	SPI1 全局中断	0x0000_00CC
36	43	可设置	SPI2	SPI2 全局中断	0x0000_00D0
37	44	可设置	USART1	USART1 全局中断	0x0000_00D4
38	45	可设置	USART2	USART2 全局中断	0x0000_00D8
39	46	可设置	USART3	USART3 全局中断	0x0000_00DC
40	47	可设置	EXTI15_10	EXTI 线［15:10］中断	0x0000_00E0
41	48	可设置	RTCAlarm	连到 EXTI 的 RTC 闹钟中断	0x0000_00E4
42	49	可设置	USB 唤醒	连到 EXTI 的从 USB 待机唤醒中断	0x0000_00E8
43	50	可设置	TIM8_BRK	TIM8 刹车中断	0x0000_00EC
44	51	可设置	TIM8_UP	TIM8 更新中断	0x0000_00F0
45	52	可设置	TIM8_TRG_COM	TIM8 触发和通信中断	0x0000_00F4
46	53	可设置	TIM8_CC	TIM8 捕获比较中断	0x0000_00F8
47	54	可设置	ADC3	ADC3 全局中断	0x0000_00FC
48	55	可设置	FSMC	FSMC 全局中断	0x0000_0100
49	56	可设置	SDIO	SDIO 全局中断	0x0000_0104
50	57	可设置	TIM5	TIM5 全局中断	0x0000_0108
51	58	可设置	SPI3	SPI3 全局中断	0x0000_010C
52	59	可设置	UART4	UART4 全局中断	0x0000_0110
53	60	可设置	UART5	UART5 全局中断	0x0000_0114
54	61	可设置	TIM6	TIM6 全局中断	0x0000_0118
55	62	可设置	TIM7	TIM7 全局中断	0x0000_011C
56	63	可设置	DMA2 通道 1	DMA2 通道 1 全局中断	0x0000_0120
57	64	可设置	DMA2 通道 2	DMA2 通道 2 全局中断	0x0000_0124
58	65	可设置	DMA2 通道 3	DMA2 通道 3 全局中断	0x0000_0128
59	66	可设置	DMA2 通道 4_5	DMA2 通道 4_5 全局中断	0x0000_012C

9.4 范例程序

```
/**********************************************************************
深圳信盈达嵌入式培训中心
**********************************************************************/
#include "stm32f10x.h"
#include "stm32lib.h"
#include "api.h"

/**********************************************************************
** 函数信息:void EXTIInit(void)                    //WAN.CG//2010.12.18
** 功能描述:外部中断初始化函数,此处是将 PC8 - PC12(KEY1 - KEY5)连接至外部中断,且设
置为下降沿触发
** 输入参数:
** 输出参数:无
** 调用提示:
**********************************************************************/
void EXTIInit(void)
{
    EXTI_InitTypeDef   EXTI_InitStructure;
    NVIC_InitTypeDef   NVIC_InitStructure;

    RCC_APB2PeriphClockCmd(RCC_APB2Periph_AFIO,ENABLE);

    /* 连接 I/O 口到中断线,PC8 -- PC12 */
    GPIO_EXTILineConfig(GPIO_PortSourceGPIOC,GPIO_PinSource8);
    GPIO_EXTILineConfig(GPIO_PortSourceGPIOC,GPIO_PinSource9);
    GPIO_EXTILineConfig(GPIO_PortSourceGPIOC,GPIO_PinSource10);
    GPIO_EXTILineConfig(GPIO_PortSourceGPIOC,GPIO_PinSource11);
    GPIO_EXTILineConfig(GPIO_PortSourceGPIOC,GPIO_PinSource12);

    /* 设置中断 8 - 12 为下降沿触发 */
    EXTI_InitStructure.EXTI_Line = EXTI_Line8 | EXTI_Line9 | EXTI_Line10 | EXTI_Line11 | EXTI_
Line12;
    EXTI_InitStructure.EXTI_Mode = EXTI_Mode_Interrupt;
    EXTI_InitStructure.EXTI_Trigger = EXTI_Trigger_Falling;
    EXTI_InitStructure.EXTI_LineCmd = ENABLE;
    EXTI_Init(&EXTI_InitStructure);

    //外部中断 NVIC 配置
    NVIC_InitStructure.NVIC_IRQChannel = EXTI9_5_IRQn;
```

```
    NVIC_InitStructure.NVIC_IRQChannelPreemptionPriority = 0;
    NVIC_InitStructure.NVIC_IRQChannelSubPriority = 0;
    NVIC_InitStructure.NVIC_IRQChannelCmd = ENABLE;
    NVIC_Init( &NVIC_InitStructure);

    NVIC_InitStructure.NVIC_IRQChannel = EXTI15_10_IRQn;
    NVIC_InitStructure.NVIC_IRQChannelPreemptionPriority = 0;
    NVIC_InitStructure.NVIC_IRQChannelSubPriority = 0;
    NVIC_InitStructure.NVIC_IRQChannelCmd = ENABLE;
    NVIC_Init( &NVIC_InitStructure);
}
/*********************************************************************
** 函数信息:void EXTI9_5_IRQHandler( void)
** 功能描述:外部中断 5 - 9 共用的中断服务程序
** 输入参数:无
** 输出参数:无
** 调用提示:
*********************************************************************/
void EXTI9_5_IRQHandler( void)
{
    if( EXTI_GetITStatus( EXTI_Line8) != RESET)              //是 KEY1 按下吗
        {
            Buzzer_Time = 3;                                 //设置蜂鸣器鸣响时间
            EXTI_ClearITPendingBit( EXTI_Line8);             //退出中断
        }
        else if( EXTI_GetITStatus( EXTI_Line9) != RESET)
        {
            Buzzer_Time = 3;
            EXTI_ClearITPendingBit( EXTI_Line9);
        }
}
/*********************************************************************
** 函数信息:void EXTI9_5_IRQHandler( void)
** 功能描述:外部中断 10 - 15 共用的中断服务程序
** 输入参数:无
** 输出参数:无
** 调用提示:
*********************************************************************/
void EXTI15_10_IRQHandler( void)
{
    if( EXTI_GetITStatus( EXTI_Line10) != RESET)
        {
```

第9章

```
            Buzzer_Time = 3;
            EXTI_ClearITPendingBit(EXTI_Line10);
        }
        else if(EXTI_GetITStatus(EXTI_Line11) != RESET)
        {
            Buzzer_Time = 3;
            EXTI_ClearITPendingBit(EXTI_Line11);
        }
        else if(EXTI_GetITStatus(EXTI_Line12) != RESET)
        {
            Buzzer_Time = 3;
            EXTI_ClearITPendingBit(EXTI_Line12);
        }
}
/*******************************************************************************
** 函数信息:int main(void)
** 功能描述:每按下一个按键,蜂鸣器就响 3s
** 输入参数:
** 输出参数:
** 调用提示:
*******************************************************************************/
int main(void)
{

    SystemInit();                   //系统初始化,初始化系统时钟
    GPIOInit();                     //GPIO 初始化,凡是实验用到的都要初始化
    TIM2Init();                     //TIM2 初始化,LED 灯闪烁需要 TIM2

    EXTIInit();                     //外部中断初始化,用做按键识别

    while(1);

}
```

9.5 作业

定时器 0 中断实现 1s 闪灯。

串口通信中断实现数据收发。

第 10 章 RTC实验

实时时钟（RTC）是一个独立的定时器。RTC 模块拥有一组连续计数的计数器，在相应软件的配置下，可提供时钟日历的功能。修改计数器的值可以重新设置系统当前的时间和日期。RTC 模块和时钟配置系统（RCC_BDCR 寄存器）处于后备区域，即在系统复位或从待机模式唤醒后，RTC 的设置和时间维持不变。RTC 由自带的电源引脚 Vbat 供电，Vbat 可以与蓄电池相连，也可以与外部 3.3V 电源引脚相连或保持断开。

10.1 STM32 系列 RTC 特点

- 可编程的预分频系数：分频系数最高为 2^{20}。
- 32 位的可编程计数器，可用于较长时间段的测量。
- 2 个分离的时钟：用于 APB1 接口的 PCLK1 和 RTC 时钟（RTC 时钟的频率必须小于 PCLK1 时钟频率的四分之一以上）。
- 可以选择以下三种 RTC 的时钟源：
  —HSE 时钟除以 128；
  —LSE 振荡器时钟；
  —LSI 振荡器时钟。
- 2 个独立的复位类型：
  —APB1 接口由系统复位；
  —RTC 核心（预分频器、闹钟、计数器和分频器）只能由后备域复位。
- 3 个专门的可屏蔽中断：
  —闹钟中断，用来产生一个软件可编程的闹钟中断。
  —秒中断，用来产生一个可编程的周期性中断信号（最长可达 1 秒）。
  —溢出中断，指示内部可编程计数器溢出并回转为 0 的状态。

10.2 与 RTC 相关的寄存器

RTC 由两个主要部分组成，如图 10.1 所示。一部分（APB1 接口）用来和 APB1 总线相连。此单元还包含一组 16 位寄存器，可通过 APB1 总线对其进行读写操作。APB1 接口由 APB1 总线时钟驱动，用来与 APB1 总线接口通信。

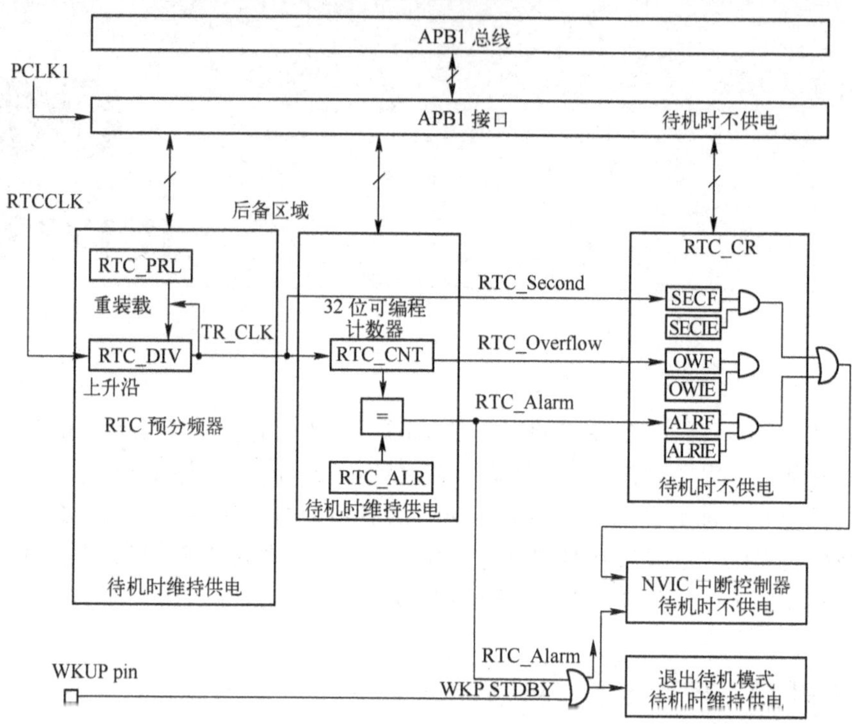

图 10.1　RTC 框图

另一部分（RTC 核心）由一组可编程计数器组成，分成两个主要模块。第一个模块是 RTC 的预分频模块，它可编程产生最长为 1 秒的 RTC 时间基准 TR_CLK。RTC 的预分频模块包含了一个 20 位的可编程分频器（RTC 预分频器）。如果在 RTC_CR 寄存器中设置了相应的允许位，则在每个 TR_CLK 周期中 RTC 产生一个中断（秒中断）。第二个模块是一个 32 位的可编程计数器，可被初始化为当前的系统时间。系统时间按 TR_CLK 周期累加并与存储在 RTC_ALR 寄存器中的可编程时间相比较，如果 RTC_CR 控制寄存器中设置了相应允许位，比较并匹配时将产生一个闹钟中断。

RTC 包含了许多寄存器，按照功能可将 RTC 寄存器地址空间分成 4 个部分：（1）控制寄存器；（2）预分频寄存器；（3）计数器寄存器；（4）闹钟寄存器。

在这些描述中，大多数寄存器的“复位值”一栏显示的都是“NC”，表示这些寄存器的值不因复位而改变。在从上电到 RTC 运行这段时间内，软件必须将这些寄存器初始化。

1. RTC 控制寄存器高位（RTC_CRH）

15–3	2	1	0
保留	OWIE	ALRIE	SECIE
	rw	rw	rw

位	描述
位 15:3	保留，被硬件强制为 0
位 2	OWIE：允许溢出中断位（Overflow interrupt enable）。 0：屏蔽（不允许）溢出中断； 1：允许溢出中断

续表

位 1	ALRIE：允许闹钟中断（Alarm interrupt enable）。 0：屏蔽（不允许）闹钟中断； 1：允许闹钟中断
位 0	SECIE：允许秒中断（Second interrupt enable）。 0：屏蔽（不允许）秒中断； 1：允许秒中断

这些位用来屏蔽中断请求。注意：系统复位后所有的中断被屏蔽，因此可通过写 RTC 寄存器来确保在初始化后没有挂起的中断请求。当外设正在完成前一次写操作时（标志位 RTOFF=0），不能对 RTC_CRH 寄存器进行写操作。RTC 功能由这个控制寄存器控制。一些位的写操作必须经过一个特殊的配置过程来完成。

2. RTC 控制寄存器低位（RTC_CRL）

15 14 13 12 11 10 9 8 7 6	5	4	3	2	1	0
保留	CNF	RSF	RSF	OWF	ALRF	SECF
	r	rw	rc w0	rc w0	rc w0	rc w0

位 15:6	保留，被硬件强制为 0
位 5	RTOFF：RTC 操作关闭（RTC operation OFF）。 RTC 模块利用这位来指示对其寄存器进行的最后一次操作的状态，指示操作是否完成。若此位为‘0’，则表示无法对任何的 RTC 寄存器进行写操作，此位为只读位。 0：上一次对 RTC 寄存器的写操作仍在进行； 1：上一次对 RTC 寄存器的写操作已经完成
位 4	CNF：配置标志（Configuration flag）。 此位必须由软件置‘1’来进入配置模式，从而允许向 RTC_CNT、RTC_ALR 或 RTC_PRL 寄存器写入数据。只有当此位在被置‘1’并重新由软件清‘0’后，才会执行写操作。 0：退出配置模式（开始更新 RTC 寄存器）； 1：进入配置模式
位 3	RSF：寄存器同步标志（Registers synchronized flag）。 每当 RTC_CNT 寄存器和 RTC_DIV 寄存器由软件更新或清‘0’时，此位由硬件置‘1’。在 APB1 复位后，或 APB1 时钟停止后，此位必须由软件清‘0’。要进行任何的读操作之前，用户程序必须等待这位被硬件置‘1’，以确保 RTC_CNT、RTC_ALR 或 RTC_PRL 已经被同步。 0：寄存器尚未被同步； 1：寄存器已经被同步
位 2	OWF：溢出标志（Overflow flag）。 当 32 位可编程计数器溢出时，此位由硬件置‘1’。如果 RTC_CRH 寄存器中 OWIE=1，则产生中断。此位只能由软件清‘0’。对此位写‘1’是无效的。 0：无溢出； 1：32 位可编程计数器溢出
位 1	ALRF：闹钟标志（Alarm flag）。 当 32 位可编程计数器达到 RTC_ALR 寄存器所设置的预定值，此位由硬件置‘1’。如果 RTC_CRH 寄存器中 ALRIE=1，则产生中断。此位只能由软件清‘0’。对此位写‘1’是无效的。 0：无闹钟； 1：有闹钟

续表

位 0	SECF：秒标志（Second flag）。 当 32 位可编程预分频器溢出时，此位由硬件置‘1’，同时 RTC 计数器加 1。因此，此标志为分辨率可编程的 RTC 计数器提供一个周期性的信号（通常为 1s）。如果 RTC_CRH 寄存器中 SECIE = 1，则产生中断。此位只能由软件清除。对此位写‘1’是无效的。 0：秒标志条件不成立； 1：秒标志条件成立

RTC 的功能由这个控制寄存器控制。当前一个写操作还未完成时（RTOFF = 0 时），不能写 RTC_CR 寄存器。

3. RTC 预分频装载寄存器高位（RTC_PRLH）

15	14	13	12	11	10	9	8	7	6	5	4	3	2	1	0
保留												PRL[19:16]			
												W			

位 15:4	保留，被硬件强制为 0
位 3:0	PRL[19:16]：RTC 预分频装载值高位（RTC prescaler reload value high）。 根据以下公式，这些位用来定义计数器的时钟频率： $f_{TR\_CLK} = f_{RTCCLK}/(PRL[19:0]+1)$。 注：不推荐使用 0 值，否则无法正确的产生 RTC 中断和标志位

4. RTC 预分频装载寄存器低位（RTC_PRLL）

15	14	13	12	11	10	9	8	7	6	5	4	3	2	1	0
PRL[15:0]															
W															

位 15:0	PRL[15:0]：RTC 预分频装载值低位。 根据以下公式，这些位用来定义计数器的时钟频率： $f_{TR\_CLK} = f_{RTCCLK}/(PRL[19:0]+1)$

注：如果输入时钟频率是 32.768kHz（f_{RTCCLK}），这个寄存器中写入 7FFFh 可获得周期为 1s 的信号

5. RTC 预分频器余数寄存器高位（RTC_DIVH）

15	14	13	12	11	10	9	8	7	6	5	4	3	2	1	0
保留												RTC_DIV[19:16]			
												r			

位 15:4	保留
位 3:0	RTC_DIV[19:16]：RTC 时钟分频器余数高位（RTC clock divider high）

6. RTC 预分频器余数寄存器低位（RTC_DIVL）

15	14	13	12	11	10	9	8	7	6	5	4	3	2	1	0
RTC_DIV[15:0]															
r															

位 15:0	RTC_DIV[15:0]：RTC 时钟分频器余数低位（RTC clock divider low）

在 TR_CLK 的每个周期里，RTC 预分频器中计数器的值都会被重新设置为 RTC_PRL 寄存器的值。用户可通过读取 RTC_DIV 寄存器，以获得预分频计数器的当前值，而不停止分频计数器的工作，从而获得精确的时间测量。此寄存器是只读寄存器，其值在 RTC_PRL 或 RTC_CNT 寄存器中的值发生改变后，由硬件重新装载。

7. RTC 计数器寄存器高位（RTC_CNTH）

RTC 核有一个 32 位可编程的计数器，可通过两个 16 位的寄存器访问。计数器以预分频器产生的 TR_CLK 时间基准为参考进行计数。RTC_CNT 寄存器用来存放计数器的计数值。它们受 RTC_CR 的位 RTOFF 写保护，仅当 RTOFF 值为‘1’时，允许写操作。在高或低寄存器（RTC_CNTH 或 RTC_CNTL）上的写操作，能够直接装载到相应的可编程计数器，并且重新装载 RTC 预分频器。当进行读操作时，直接返回计数器内的计数值（系统时间）。

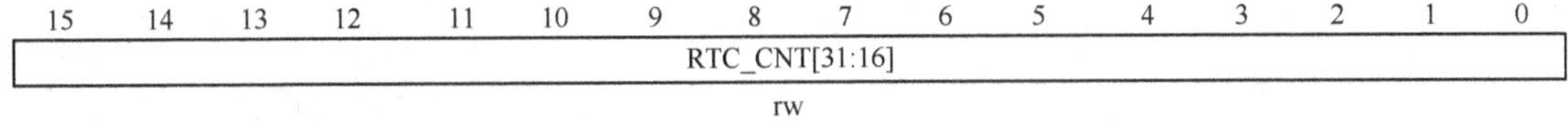

rw

位 15:0	RTC_CNT[31:16]：RTC 计数器高位（RTC counter high）。 可通过读 RTC_CNTH 寄存器来获得 RTC 计数器当前值的高位部分。要对此寄存器进行写操作前，必须先进入配置模式

8. RTC 计数器寄存器低位（RTC_CNTL）

15	14	13	12	11	10	9	8	7	6	5	4	3	2	1	0
RTC_CNT[15:0]															
rw															

位 15:0	RTC_CNT[15:0]：RTC 计数器低位（RTC counter low）。 可通过读 RTC_CNTH 寄存器来获得 RTC 计数器当前值的低位部分。要对此寄存器进行写操作前，必须先进入配置模式

9. RTC 闹钟寄存器高位（RTC_ALRH）

当可编程计数器的值与 RTC_ALR 中的 32 位值相等时，即触发一个闹钟事件，并且产生 RTC 闹钟中断。此寄存器受 RTC_CR 寄存器里的 RTOFF 位写保护，仅当 RTOFF 值为‘1’时，允许写操作。

15	14	13	12	11	10	9	8	7	6	5	4	3	2	1	0
RTC_ALR[31:16]															
w															

位 15:0	RTC_ALR[31:16]：RTC 闹钟值高位（RTC alarm high）。 此寄存器用来保存由软件写入的闹钟时间的高位部分。要对此寄存器进行写操作，必须先进入配置模式

10. RTC 闹钟寄存器低位（RTC_ALRL）

15	14	13	12	11	10	9	8	7	6	5	4	3	2	1	0
RTC_ALR[15:0]															
w															

位 15:0	RTC_ALR[15:0]：RTC 闹钟值低位（RTC alarm low）。 此寄存器用来保存由软件写入的闹钟时间的低位部分。要对此寄存器进行写操作，必须先进入配置模式

10.3 范例程序

```
#include "stm32f10x.h"
#include "stm32lib.h"
#include "api.h"
**函数信息:void RTCInit(void)                    //WAN.CG//2010.12.18
**功能描述:RTC 初始化函数
**输入参数:
**输出参数:无
**调用提示:
*****************************************************************************/
void RTCInit(void)
{
    NVIC_InitTypeDef   NVIC_InitStructure;

    RCC_APB1PeriphClockCmd(RCC_APB1Periph_PWR | RCC_APB1Periph_BKP,ENABLE);

    PWR_BackupAccessCmd(ENABLE);              //备份寄存器使能,这个不能少
    //RCC_DeInit();
    BKP_DeInit();                             //将外设 BKP 的全部寄存器设置为默认值
    RCC_LSEConfig(RCC_LSE_ON);                //设置外部低速时钟
    while(RCC_GetFlagStatus(RCC_FLAG_LSERDY) == RESET);  //等待外部晶振振荡,需要
等待比较长的时间
    RCC_RTCCLKConfig(RCC_RTCCLKSource_LSE);  //使用外部晶振 32768 作为时钟源
    RCC_RTCCLKCmd(ENABLE);                    //允许 RTC

    RTC_WaitForSynchro();                     //等待 RTC 寄存器同步
    RTC_WaitForLastTask();                    //等待寄存器写入完成
    RTC_ITConfig(RTC_IT_SEC,ENABLE);          //允许 RTC 的秒中断(还有闹钟中断和溢出中
断可设置
    RTC_WaitForLastTask();                    //等待寄存器写入完成
```

```
    RTC_SetPrescaler(32767);              //设置 RTC 分频器,使 RTC 时钟为 1Hz
    RTC_WaitForLastTask();                //等待寄存器写入完成

    NVIC_InitStructure. NVIC_IRQChannel = RTC_IRQn;
    NVIC_InitStructure. NVIC_IRQChannelPreemptionPriority = 1;
    NVIC_InitStructure. NVIC_IRQChannelSubPriority = 0;
    NVIC_InitStructure. NVIC_IRQChannelCmd = ENABLE;
    NVIC_Init(&NVIC_InitStructure);
}
/**************************************************************************
** 函数信息:int main(void)                    //WAN. CG//2011. 1. 8
** 功能描述:开机后,启动 RTC,设置为每秒中断一次,时钟使用外部 32768Hz 的晶振,RTC 中断
服务程序里控制 LED 等闪烁
** 输入参数:
** 输出参数:
** 调用提示:
**************************************************************************/
int main(void)
{
    SystemInit();                     //系统初始化,初始化系统时钟
    GPIOInit();                       //GPIO 初始化,凡是实验用到的都要初始化
    RTCInit();                        //RTC 初始化,本实验为 1s 中断一次

    while(1)
    {
    }
}
/**************************************************************************
** 函数信息:void RTC_IRQHandler(void)
** 功能描述:RTC 中断服务函数,在 RTC 中断实验中控制 LED 闪烁
** 输入参数:无
** 输出参数:无
** 调用提示:
**************************************************************************
*/
void RTC_IRQHandler(void)
{
    if(RTC_GetITStatus(RTC_IT_SEC) != RESET)
        RTC_ClearITPendingBit(RTC_IT_SEC);                //清除中断标志
    if(GPIO_ReadOutputDataBit(GPIOD,GPIO_Pin_2) == Bit_SET)  //判断 PD2 是否为高电平
        GPIO_ResetBits(GPIOD,GPIO_Pin_2);                 //PD2 输出低电平,点亮 LED
```

```
        else
            GPIO_SetBits(GPIOD,GPIO_Pin_2);                    //PD2 输出低电平,熄灭 LED
    }
```

10.4 作业

（1）实现通过串口修改时间。

（2）实现通过两个按键修改时间。

第 11 章 IIC实验

IIC 总线（也可称为 I^2C 总线）用于与外部 IIC 标准部件连接，如串行 RAM、LCD、音调发生器，以及其他微控制器等。

IIC 总线上存在以下两种类型的数据传输：

（1）主发送器向从接收器发送数据。主机发送的第一个字节是从机地址，接下来是数据字节。从机每接收一个字节就返回一个应答位。

（2）从发送器向主接收器发送数据。主机发送的第一个字节是从机地址，然后从机返回一个应答位。接下来从机向主机发送数据字节。主机每接收一个字节都会返回一个应答位，最后一个字节除外。接收完最后一个字节后，主机返回一个“非应答位”。主机产生所有串行时钟脉冲、起始条件及停止条件。每一帧都以一个停止条件或一个重复起始条件来结束。由于重复的起始条件也是下一帧的开始，所以将不会释放 IIC 总线。

11.1 STM32 系列 IIC 特点

- 并行总线/I^2C 总线协议转换器。
- 多主机功能：该模块既可做主设备也可做从设备。
- I^2C 主设备功能：
  —产生时钟；
  —产生起始和停止信号。
- I^2C 从设备功能：
  —可编程的 I^2C 地址检测；
  —可响应 2 个从地址的双地址能力；
  —停止位检测。
- 产生和检测 7 位/10 位地址和广播呼叫。
- 支持不同的通信速度：
  —标准速度（高达 100kHz）；
  —快速（高达 400kHz）。
- 状态标志：
  —发送器/接收器模式标志；
  —字节发送结束标志；
  —I^2C 总线忙标志。

11.2 与IIC相关的寄存器

1. 控制寄存器1(I²C_CR1)

15	14	13	12	11	10	9	8	7	6	5	4	3	2	1	0
SWRST	保留	ALERT	PEC	POS	ACK	STOP	START	NO STRETCH	ENGC	ENPEC	ENARP	SMB TYPE	保留	SMBUS	PE
rw		rw	rw	rw	rw	rw	rw	rw	rw	rw	rw	rw		rw	rw

位	描述
位15	SWRST：软件复位（Software reset）当被置位时，I²C处于复位状态。在复位该位前确信I²C的引脚被释放，总线是空的。 0：I²C模块不处于复位状态； 1：I²C模块处于复位状态。 注：该位可以用于BUSY位为‘1’，在总线上又没有检测到停止条件时
位14	保留位，硬件强制为0
位13	ALERT：SMBus提醒（SMBus alert）。 软件可以设置或清除该位；当PE=0时，由硬件清除。 0：释放SMBAlert引脚使其变高，提醒响应地址头紧跟在NACK信号后面； 1：驱动SMBAlert引脚使其变低，提醒响应地址头紧跟在ACK信号后面
位12	PEC：数据包出错检测（Packet error checking）。 软件可以设置或清除该位，当传送PEC后，或当起始或停止条件时，或当PE=0时，硬件将其清除。 0：无PEC传输； 1：PEC传输（在发送或接收模式）。 注：仲裁丢失时，PEC的计算失效
位11	POS：应答/PEC位置（用于数据接收）（Acknowledge/PEC Position（for data reception））。 软件可以设置或清除该位，或当PE=0时，由硬件清除。 0：ACK位控制当前移位寄存器内正在接收的字节的（N）ACK。PEC位表明当前移位寄存器内的字节是PEC； 1：ACK位控制在移位寄存器里接收的下一个字节的（N）ACK。PEC位表明在移位寄存器里接收的下一个字节是PEC。 注：POS位只能用在2字节的接收配置中，必须在接收数据之前配置。 为了NACK第2个字节，必须在清除ADDR位之后清除ACK位。 为了检测第2字节的PEC，必须在配置了POS位之后，拉伸ADDR事件时设置PEC位
位10	ACK：应答使能（Acknowledge enable）。 软件可以设置或清除该位，或当PE=0时，由硬件清除。 0：无应答返回； 1：在接收到一个字节后返回一个应答（匹配的地址或数据）
位9	STOP：停止条件产生（Stop generation）。 软件可以设置或清除该位，或当检测到停止条件时，由硬件清除；当检测到超时错误时，硬件将其置位。 在主模式下： 0：无停止条件产生； 1：在当前字节传输或在当前起始条件发出后产生停止条件。 在从模式下： 0：无停止条件产生； 1：在当前字节传输或释放SCL和SDA线。 注：当设置了STOP、START或PEC位，在硬件清除这个位之前，软件不要执行任何对I²C_CR1的写操作；否则有可能会第2次设置STOP、START或PEC位

续表

位 8	START：起始条件产生（Start generation）。 软件可以设置或清除该位，或当起始条件发出后或 PE =0 时，由硬件清除。 在主模式下： 0：无起始条件产生； 1：重复产生起始条件。 在从模式下： 0：无起始条件产生； 1：当总线空闲时，产生起始条件
位 7	NOSTRETCH：禁止时钟延长（从模式）（Clock stretching disable（Slave mode））。 该位用于当 ADDR 或 BTF 标志被置位，在从模式下禁止时钟延长，直到它被软件复位。 0：允许时钟延长； 1：禁止时钟延长
位 6	ENGC：广播呼叫使能（General call enable）。 0：禁止广播呼叫，以非应答响应地址 00h； 1：允许广播呼叫，以应答响应地址 00h
位 5	ENPEC：PEC 使能（PEC enable）。 0：禁止 PEC 计算； 1：开启 PEC 计算
位 4	ENARP：ARP 使能（ARP enable）。 0：禁止 ARP； 1：使能 ARP。 如果 SMBTYPE =0，使用 SMBus 设备的默认地址。 如果 SMBTYPE =1，使用 SMBus 的主地址
位 3	SMBTYPE：SMBus 类型（SMBus type）。 0：SMBus 设备； 1：SMBus 主机
位 2	保留位，硬件强制为 0
位 1	SMBUS：SMBus 模式（SMBus mode）。 0：I^2C 模式； 1：SMBus 模式
位 0	PE：I^2C 模块使能（Peripheral enable）。 0：禁用 I^2C 模块； 1：启用 I^2C 模块，根据 SMBus 位的设置，相应的 I/O 口需配置为复用功能。 注：如果清除该位时通信正在进行，当前通信结束后，I^2C 模块被禁用并返回空闲状态。如果通信结束的时候 PE =0，所有的位将被清除。在主模式下，通信结束前不能清除该位

2. 控制寄存器 2（I^2C_CR2）

15	14	13	12	11	10	9	8	7	6	5	4	3	2	1	0
保留			LAST	DMAEN	ITBUF EN	ITEVT EN	ITERR EN	保留		FREQ[5:0]					
			rw	rw	rw	rw	rw			rw					

位 15:13	保留位，硬件强制为 0
位 12	LAST：DMA 最后一次传输（DMA last transfer）。 0：下一次 DMA 的 EOT 不是最后的传输； 1：下一次 DMA 的 EOT 是最后的传输。 注：该位在主接收模式时使用，使得在最后一次接收数据时可以产生一个 NACK

续表

位 11	DMAEN：DMA 请求使能（DMA requests enable）。 0：禁止 DMA 请求； 1：当 TxE = 1 或 RxNE = 1 时，允许 DMA 请求
位 10	ITBUFEN：缓冲器中断使能（Buffer interrupt enable）。 0：当 TxE = 1 或 RxNE = 1 时，不产生任何中断； 1：当 TxE = 1 或 RxNE = 1 时，产生事件中断（不管 DMAEN 是何种状态）
位 9	ITEVTEN：事件中断使能（Event interrupt enable）。 0：禁止事件中断； 1：允许事件中断。 在下列条件下，将产生该中断： - SB = 1（主模式）； - ADDR = 1（主/从模式）； - ADD10 = 1（主模式）； - STOPF = 1（从模式）； - BTF = 1，但是没有 TxE 或 RxNE 事件； - 如果 ITBUFEN = 1，TxE 事件为 1； - 如果 ITBUFEN = 1，RxNE 事件为 1
位 8	ITERREN：出错中断使能（Error interrupt enable）。 0：禁止出错中断； 1：允许出错中断。 在下列条件下，将产生该中断： - BERR = 1； - ARLO = 1； - AF = 1； - OVR = 1； - PECERR = 1； - TIMEOUT = 1； - SMBAlert = 1
位 7:6	保留位，硬件强制为 0
位 5:0	FREQ[5:0]：I^2C 模块时钟频率（Peripheral clock frequency）。 必须设置正确的输入时钟频率以产生正确的时序，允许的范围在 2～36MHz 之间： 000000：禁用； 000001：禁用； 000010：2MHz； … 100100：36MHz； 大于 100100：禁用

3. 自身地址寄存器 1（I^2C_OAR1）

15	14	13	12	11	10	9	8	7	6	5	4	3	2	1	0
ADD MODE	保留	保留				ADD[9:8]		ADD[7:1]							ADD0
rw						rw		rw							rw

位 15	ADDMODE：寻址模式（从模式）（Addressing mode（slave mode））。 0:7 位从地址（不响应 10 位地址）； 1:10 位从地址（不响应 7 位地址）

续表

位 14	必须始终由软件保持为‘1’
位 13:10	保留位，硬件强制为 0
位 9:8	ADD[9:8]：接口地址（Interface address）。 7 位地址模式时不用关心。 10 位地址模式时为地址的 9～8 位
位 7:1	ADD[7:1]：接口地址（Interface address）。 地址的 7～1 位
位 0	ADD0：接口地址（Interface address）。 7 位地址模式时不用关心。 10 位地址模式时为地址第 0 位

4. 自身地址寄存器 2(I^2C_OAR2)

15	14	13	12	11	10	9	8	7	6	5	4	3	2	1	0
保留								ADD2[7:1]							ENDUAL
								rw							rw

位 15:8	保留位，硬件强制为 0
位 7:1	ADD2[7:1]：接口地址（Interface address）。 在双地址模式下地址的 7～1 位
位 0	ENDUAL：双地址模式使能位（Dual addressing mode enable）。 0：在 7 位地址模式下，只有 OAR1 被识别； 1：在 7 位地址模式下，OAR1 和 OAR2 都被识别

5. 数据寄存器(I^2C_DR)

15	14	13	12	11	10	9	8	7	6	5	4	3	2	1	0
保留								DR[7:0]							
								rw							

位 15:8	保留位，硬件强制为 0
位 7:0	DR[7:0]：8 位数据寄存器（8 - bit data register）。 用于存放接收到的数据或放置用于发送到总线的数据。 发送器模式：当写一个字节至 DR 寄存器时，自动启动数据传输。一旦传输开始（TxE = 1），如果能及时把下一个需传输的数据写入 DR 寄存器，I^2C 模块将保持连续的数据流。 接收器模式：接收到的字节被复制到 DR 寄存器（RxNE = 1）。在接收到下一个字节（RxNE = 1）之前读出数据寄存器，即可实现连续的数据传送。 注：(1) 在从模式下，地址不会被复制进数据寄存器 DR； (2) 硬件不管理写冲突（如果 TxE = 0，仍能写入数据寄存器）； (3) 如果在处理 ACK 脉冲时发生 ARLO 事件，接收到的字节不会被拷贝到数据寄存器里，因此不能读到它

6. 状态寄存器1(I²C_SR1)

15	14	13	12	11	10	9	8	7	6	5	4	3	2	1	0
SMB ALERT	TIME OUT	保留	PEC ERR	OVR	AF	ARLO	BERR	TxE	RxNE	保留	STOPF	ADD10	BTF	ADDR	SB
rc w0	rc w0	res	rc w0	rc w0	rc w0	rc w0	rc w0	r	r	res	r	r	r	r	r

位	说明
位15	SMBALERT：SMBus 提醒（SMBus alert）。 在 SMBus 主机模式下。 0：无 SMBus 提醒； 1：在引脚上产生 SMBAlert 提醒事件。 在 SMBus 从机模式下。 0：没有 SMBAlert 响应地址头序列； 1：收到 SMBAlert 响应地址头序列至 SMBAlert 变低。 -该位由软件写‘0’清除，或在 PE=0 时由硬件清除
位14	TIMEOUT：超时或 Tlow 错误（Timeout or Tlow error）。 0：无超时错误； 1：SCL 处于低电平已达到 25ms（超时），或者主机低电平累积时钟扩展时间超过 10ms（Tlow：mext），或从设备低电平累积时钟扩展时间超过 25ms（Tlow：sext）。 -当在从模式下设置该位：从设备复位通信，硬件释放总线。 -当在主模式下设置该位：硬件发出停止条件。 -该位由软件写‘0’清除，或在 PE=0 时由硬件清除
位13	保留位，硬件强制为0
位12	PECERR：在接收时发生 PEC 错误（PEC Error in reception）。 0：无 PEC 错误，接收到 PEC 后接收器返回 ACK（如果 ACK=1）； 1：有 PEC 错误，接收到 PEC 后接收器返回 NACK（不管 ACK 是什么值）。 -该位由软件写‘0’清除，或在 PE=0 时由硬件清除
位11	OVR：过载/欠载（Overrun/Underrun）。 0：无过载/欠载； 1：出现过载/欠载。 -当 NOSTRETCH=1 时，在从模式下该位被硬件置位，同时： -在接收模式中当收到一个新的字节时（包括 ACK 应答脉冲），数据寄存器里的内容还未被读出，则新接收的字节将丢失。 -在发送模式中当要发送一个新的字节时，却没有新的数据写入数据寄存器，同样的字节将被发送两次。 -该位由软件写‘0’清除，或在 PE=0 时由硬件清除。 注：如果数据寄存器的写操作发生时间非常接近 SCL 的上升沿，发送的数据是不确定的，并发生保持时间错误
位10	AF：应答失败（Acknowledge failure）。 0：没有应答失败； 1：应答失败。 -当没有返回应答时，硬件将置该位为‘1’； -该位由软件写‘0’清除，或在 PE=0 时由硬件清除
位9	ARLO：仲裁丢失（主模式）（Arbitration lost（master mode））。 0：没有检测到仲裁丢失； 1：检测到仲裁丢失。 当接口失去对总线的控制给另一个主机时，硬件将置该位为‘1’。 -该位由软件写‘0’清除，或在 PE=0 时由硬件清除。 在 ARLO 事件之后，I²C 接口自动切换回从模式（M/SL=0）。 注：在 SMBUS 模式下，在从模式下对数据的仲裁仅仅发生在数据阶段，或应答传输区间（不包括地址的应答）

续表

位 8	BERR：总线出错（Bus error）。 0：无起始或停止条件出错； 1：起始或停止条件出错。 – 当接口检测到错误的起始或停止条件，硬件将该位置‘1’。 – 该位由软件写‘0’清除，或在 PE = 0 时由硬件清除
位 7	TxE：数据寄存器为空（发送时）（Data register empty（transmitters））。 0：数据寄存器非空； 1：数据寄存器空。 – 在发送数据时，数据寄存器为空时该位被置‘1’，在发送地址阶段不设置该位。 – 软件写数据到 DR 寄存器可清除该位，或在发生一个起始或停止条件后，或当 PE = 0 时由硬件自动清除。 如果收到一个 NACK，或下一个要发送的字节是 PEC（PEC = 1），该位不被置位。 注：在写入第 1 个要发送的数据后，或设置了 BTF 时写入数据，都不能清除 TxE 位，这是因为数据寄存器仍然为空
位 6	RxNE：数据寄存器非空（接收时）（Data register not empty（receivers））。 0：数据寄存器为空； 1：数据寄存器非空。 – 在接收时，当数据寄存器不为空，该位被置‘1’。在接收地址阶段，该位不被置位。 – 软件对数据寄存器的读写操作清除该位，或当 PE = 0 时由硬件清除。 在发生 ARLO 事件时，RxNE 不被置位。 注：当设置了 BTF 时，读取数据不能清除 RxNE 位，因为数据寄存器仍然为满
位 5	保留位，硬件强制为 0
位 4	STOPF：停止条件检测位（从模式）（Stop detection（slave mode））。 0：没有检测到停止条件； 1：检测到停止条件。 – 在一个应答之后（如果 ACK = 1），当从设备在总线上检测到停止条件时，硬件将该位置‘1’。 – 软件读取 SR1 寄存器后，对 CR1 寄存器的写操作将清除该位，或当 PE = 0 时，硬件清除该位。 注：在收到 NACK 后，STOPF 位不被置位
位 3	ADD10：10 位头序列已发送（主模式）（10 – bit header sent（Master mode））。 0：没有 ADD10 事件发生； 1：主设备已经将第一个地址字节发送出去。 – 在 10 位地址模式下，当主设备已经将第一个字节发送出去时，硬件将该位置‘1’。 – 软件读取 SR1 寄存器后，对 CR1 寄存器的写操作将清除该位，或当 PE = 0 时，硬件清除该位。 注：收到一个 NACK 后，ADD10 位不被置位
位 2	BTF：字节发送结束（Byte transfer finished）。 0：字节发送未完成； 1：字节发送结束。 当 NOSTRETCH = 0 时，在下列情况下硬件将该位置‘1’： – 在接收时，当收到一个新字节（包括 ACK 脉冲）且数据寄存器还未被读取（RxNE = 1）。 – 在发送时，当一个新数据将被发送且数据寄存器还未被写入新的数据（TxE = 1）。 – 在软件读取 SR1 寄存器后，对数据寄存器的读或写操作将清除该位，或在传输中发送一个起始或停止条件后，或当 PE = 0 时，由硬件清除该位。 注：在收到一个 NACK 后，BTF 位不会被置位。 如果下一个要传输的字节是 PEC（I^2C_SR2 寄存器中 TRA 为‘1’，同时 I^2C_CR1 寄存器中 PEC 为‘1’），BTF 位不会被置位

续表

位1	ADDR：地址已被发送（主模式）/地址匹配（从模式）（Address sent（master mode）/matched（slave mode））。 在软件读取SR1寄存器后，对SR2寄存器的读操作将清除该位，或当PE=0时，由硬件清除该位。 地址匹配（从模式）。 0：地址不匹配或没有收到地址； 1：收到的地址匹配。 -当收到的从地址与OAR寄存器中的内容相匹配，或发生广播呼叫，或SMBus设备默认地址或SMBus主机识别出SMBus提醒时，硬件就将该位置‘1’（当对应的设置被使能时）。 地址已被发送（主模式）。 0：地址发送没有结束； 1：地址发送结束。 -10位地址模式时，当收到地址的第二个字节的ACK后该位被置‘1’。 -7位地址模式时，当收到地址的ACK后该位被置‘1’。 注：在收到NACK后，ADDR位不会被置位
位0	SB：起始位（主模式）（Start bit（Master mode））。 0：未发送起始条件； 1：起始条件已发送。 -当发送出起始条件时该位被置‘1’。 -软件读取SR1寄存器后，写数据寄存器的操作将清除该位，或当PE=0时，硬件清除该位

7. 状态寄存器2（I^2C_SR2）

15	14	13	12	11	10	9	8	7	6	5	4	3	2	1	0
PEC[7:0]								DUALF	SMB HOST	SMB DEFA ULT	GEN CALL	保留	TRA	BUSY	MSL
r								r	r	r	r	reg	r	r	r

位15:8	PEC[7:0]：数据包出错检测（Packet error checking register）。 当ENPEC=1时，PEC[7:0]存放内部的PEC的值
位7	DUALF：双标志（从模式）（Dual flag（Slave mode））。 0：接收到的地址与OAR1内的内容相匹配； 1：接收到的地址与OAR2内的内容相匹配。 -在产生一个停止条件或一个重复的起始条件时，或PE=0时，硬件将该位清除
位6	SMBHOST：SMBus主机头系列（从模式）（SMBus host header（Slave mode））。 0：未收到SMBus主机的地址； 1：当SMBTYPE=1且ENARP=1时，收到SMBus主机地址。 -在产生一个停止条件或一个重复的起始条件时，或PE=0时，硬件将该位清除
位5	SMBDEFAULT：SMBus设备默认地址（从模式）（SMBus device default address（Slave mode））。 0：未收到SMBus设备的默认地址； 1：当ENARP=1时，收到SMBus设备的默认地址。 -在产生一个停止条件或一个重复的起始条件时，或PE=0时，硬件将该位清除
位4	GENCALL：广播呼叫地址（从模式）（General call address（Slave mode））。 0：未收到广播呼叫地址； 1：当ENGC=1时，收到广播呼叫的地址。 -在产生一个停止条件或一个重复的起始条件时，或PE=0时，硬件将该位清除
位3	保留位，硬件强制为0

续表

位 2	TRA：发送/接收（Transmitter/receiver） 0：接收到数据； 1：数据已发送； 在整个地址传输阶段的结尾，该位根据地址字节的 R/W 位来设定。 在检测到停止条件（STOPF = 1）、重复的起始条件或总线仲裁丢失（ARLO = 1）后，或当 PE = 0 时，硬件将其清除
位 1	BUSY：总线忙（Bus busy） 0：在总线上无数据通信； 1：在总线上正在进行数据通信。 – 在检测到 SDA 或 SCl 为低电平时，硬件将该位置'1'； – 当检测到一个停止条件时，硬件将该位清除。 该位指示当前正在进行的总线通信，当接口被禁用（PE = 0）时该信息仍然被更新
位 0	MSL：主/从模式（Master/slave） 0：从模式； 1：主模式。 – 当接口处于主模式（SB = 1）时，硬件将该位置位； – 当总线上检测到一个停止条件、仲裁丢失（ARLO = 1 时）、或当 PE = 0 时，硬件清除该位

8. 时钟控制寄存器(I^2C_CCR)

15	14	13	12	11	10	9	8	7	6	5	4	3	2	1	0
F/S	DUTY	保留		CCR[11:0]											
rw	rw	rg		rw											

位 15	F/S：I^2C 主模式选项（I^2C master mode selection）。 0：标准模式的 I^2C； 1：快速模式的 I^2C
位 14	DUTY：快速模式时的占空比（Fast mode duty cycle）。 0：快速模式下，Tlow/Thigh = 2； 1：快速模式下，Tlow/Thigh = 16/9（见 CCR）
位 13:12	保留位，硬件强制为 0
位 11:0	CCR[11:0]：快速/标准模式下的时钟控制分频系数（主模式）（Clock control register in Fast/Standard mode（Master mode）） 该分频系数用于设置主模式下的 SCL 时钟。 在 I^2C 标准模式或 SMBus 模式下： Thigh = CCR × TPCLK1； Tlow = CCR × TPCLK1。 在 I^2C 快速模式下： 如果 DUTY = 0， Thigh = CCR × TPCLK1； Tlow = 2 × CCR × TPCLK1。 如果 DUTY = 1，（速度达到 400kHz） Thigh = 9 × CCR × TPCLK1； Tlow = 16 × CCR × TPCLK1。 例如：在标准模式下，产生 100kHz 的 SCL 的频率。 如果 FREQR = 08，TPCLK1 = 125ns，则 CCR 必须写入 0x28（40 × 125ns = 5000ns）。 注：（1）允许设定的最小值为 0x04，在快速 DUTY 模式下允许的最小值为 0x01； （2）Thigh = tr(SCL) + tw(SCLH)，详见数据手册中对这些参数的定义； （3）Tlow = tf(SCL) + tw(SCLL)，详见数据手册中对这些参数的定义； （4）这些延时没有过滤器； （5）只有在关闭 I^2C 时（PE = 0）才能设置 CCR 寄存器； （6）f_{CK}应当是 10MHz 的整数倍，这样可以产生 400kHz 的快速时钟

9. TRISE 寄存器(I²C_TRISE)

15	14	13	17	11	10	9	8	7	6	5	4	3	2	1	0
保留										TRISE[5:0]					
res										rw					

位 15:6	保留位，硬件强制为 0
位 5:0	TRISE[5:0]：在快速/标准模式下的最大上升时间（主模式）（Maximum rise time in Fast/Standard mode（Master mode））。 这些位必须设置为 I²C 总线规范里给出的最大的 SCL 上升时间，增长步幅为 1。 例如：标准模式中最大允许 SCL 上升时间为 1000ns。如果在 I²C_CR2 寄存器 FREQ[5:0]中的值等于 0x08 且 TPCLK1 = 125ns，故 TRISE[5:0]中必须写 09h（1000ns/125ns = 8 + 1）。滤波器的值也可以加到 TRISE[5:0]内。如果结果不是一个整数，则将整数部分写入 TRISE[5:0]以确保 tHIGH 参数。 注：只有当 I²C 被禁用（PE = 0）时，才能设置 TRISE[5:0]

11.3 范例程序

```
#include "stm32f10x.h"
#include "stm32lib.h"
#include "api.h"
/**********************************************************************
** 函数信息:void I2CInit(void)
** 功能描述:I2CInit 初始化函数
** 输入参数:I2CSpeed:选择通信速度
** 输出参数:无
** 调用提示:
**********************************************************************/
void I2C1Init(u32 I2CSpeed)
{
    I2C_InitTypeDef   I2C_InitStructure;
    GPIO_InitTypeDef  GPIO_InitStructure;

    //PB6,PB7 配置为 I2C
    GPIO_InitStructure.GPIO_Pin = GPIO_Pin_6 | GPIO_Pin_7;
    GPIO_InitStructure.GPIO_Speed = GPIO_Speed_50MHz;
    GPIO_InitStructure.GPIO_Mode = GPIO_Mode_AF_OD;
    GPIO_Init(GPIOB,&GPIO_InitStructure);

    RCC_APB1PeriphClockCmd(RCC_APB1Periph_I2C1,ENABLE);

    I2C_DeInit(I2C1);
    I2C_InitStructure.I2C_Mode = I2C_Mode_I2C;
    I2C_InitStructure.I2C_DutyCycle = I2C_DutyCycle_2;
```

```
    I2C_InitStructure.I2C_OwnAddress1 = 0x30;
    I2C_InitStructure.I2C_Ack = I2C_Ack_Enable;
    I2C_InitStructure.I2C_AcknowledgedAddress = I2C_AcknowledgedAddress_7bit;
    I2C_InitStructure.I2C_ClockSpeed = I2CSpeed;          //通信速度
    I2C_Init(I2C1,&I2C_InitStructure);

    I2C_Cmd(I2C1,ENABLE);                                 //使能 I2C

    I2C_AcknowledgeConfig(I2C1,ENABLE);                   //允许单字节应答模式
}
/*****************************************************************
** 函数信息:void Delay(u16 dly)
** 功能描述:延时函数,约为毫秒
** 输入参数:u32 dly:延时时间
** 输出参数:无
** 调用提示:无
*****************************************************************/
void Delay(u32 dly)
{
    u16 i;
    for( ;dly > 0;dly --)
    for(i = 0;i < 10000;i ++);
}
/*****************************************************************
** 函数信息:int main(void)
** 功能描述:开机后,ARMLED 闪动,主程序向 eeprom 写入 100 个数据,然后读出来比较,相同:
蜂鸣器长鸣一声,不同蜂鸣器连续鸣叫 5 声
** 输入参数:
** 输出参数:
** 调用提示:
*****************************************************************/
int main(void)
{
    int8u i,I2c_Buf[100];

    SystemInit();                       //系统初始化,初始化系统时钟 72MHz
    GPIOInit();                         //GPIO 初始化,凡是实验用到的都要初始化
    TIM2Init();                         //TIM2 初始化,LED 灯闪烁需要 TIM2
    I2C1Init(100000);                   //I2C1 初始化,收发数据

    for(i = 0;i < 100;i ++)             //缓冲区依次 1 - 99
        I2c_Buf[i] = i;
```

```
        I2C1_WriteNByte(0,I2c_Buf,100);            //数据写入 EEPROM,地址 0 - 99

        for(i = 0;i < 100;i ++)                    //清除缓冲区
            I2c_Buf[i] = 0;
        I2C1_ReadNByte(0,I2c_Buf,100);             //数据读回缓冲区

        for(i = 0;i < 100;i ++)                    //比较数据是否相同
        {
            if(I2c_Buf[i] != i)
            {
                for(i = 0;i < 5;i ++)              //数据不对,蜂鸣器鸣响 5 次
                {
                    Buzzer_Time = 2;
                    Delay(115);
                }
                while(1);
            }

        }
        Buzzer_Time = 10;                          //数据正确,蜂鸣器长鸣一声
        while(1);

    }
```

第 12 章 看门狗实验

看门狗的用途是在微控制器进入错误状态后的一定时间内复位。当看门狗使能时，如果用户程序没有在溢出周期内喂狗（给看门狗定时器重装定时值），看门狗会产生一个系统复位。

STM32F10xxx 内置两个看门狗，提供了更高的安全性、时间的精确性和使用的灵活性。两个看门狗设备（独立看门狗和窗口看门狗）可用来检测和解决由软件错误引起的故障。当计数器达到给定的超时值时，触发一个中断（仅适用于窗口型看门狗）或产生系统复位。独立看门狗（IWDG）由专用的低速时钟（LSI）驱动，即使主时钟发生故障它也仍然有效。窗口看门狗由从 APB1 时钟分频后得到的时钟驱动，通过可配置的时间窗口来检测应用程序非正常的过迟或过早的操作。IWDG 最适合应用于那些需要看门狗作为一个在主程序之外，能够完全独立工作，并且对时间精度要求较低的场合。WWDG 最适合那些要求看门狗在精确计时窗口起作用的应用程序。

12.1 STM32 系列 IWDG 特点

- 自由运行的递减计数器；
- 时钟由独立的 RC 振荡器提供（可在停止和待机模式下工作）；
- 看门狗被激活后，则在计数器计数至 0x000 时产生复位。

12.2 与 IWDG 相关的寄存器

在键寄存器（IWDG_KR）中写入 0xCCCC，开始启用独立看门狗；此时计数器开始从其复位值 0xFFF 递减计数。当计数器计数到末尾 0x000 时，会产生一个复位信号（IWDG_RESET）。无论何时，只要在键寄存器 IWDG_KR 中写入 0xAAAA，IWDG_RLR 中的值就会被重新加载到计数器，从而避免产生看门狗复位。

独立看门狗（IWDG）框图如图 12.1 所示。

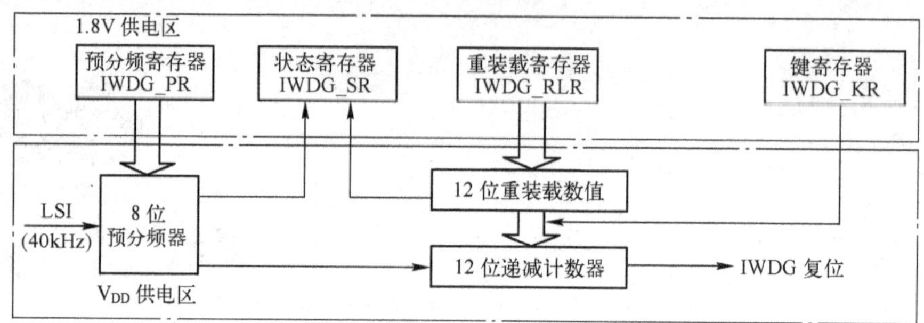

图 12.1　独立看门狗（IWDG）框图

1. 键寄存器(IWDG_KR)

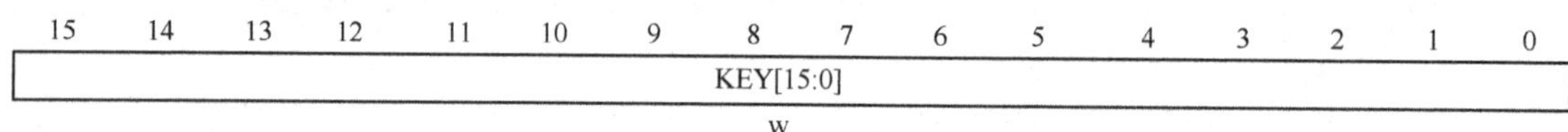

15	14	13	12	11	10	9	8	7	6	5	4	3	2	1	0
KEY[15:0]															
w															

位 15:0	KEY[15:0]：键值（只写寄存器，读出值为 0x0000）（Key value） 软件必须以一定的间隔写入 0xAAAA，否则，当计数器为 0 时，看门狗会产生复位。 写入 0x5555 表示允许访问 IWDG_PR 和 IWDG_RLR 寄存器。 写入 0xCCCC，启动看门狗工作（若选择了硬件看门狗则不受此命令字限制）

2. 预分频寄存器(IWDG_PR)

15	14	13	12	11	10	9	8	7	6	5	4	3	2	1	0
保留													PR[2:0]		
													rw		

位 15:3	保留，始终读为 0
位 2:0	PR[2:0]：预分频因子（Prescaler divider）。 这些位具有写保护设置。通过设置这些位来选择计数器时钟的预分频因子。要改变预分频因子，IWDG_SR 寄存器的 PVU 位必须为 0。 000：预分频因子 =4；100：预分频因子 =64。 001：预分频因子 =8；101：预分频因子 =128。 010：预分频因子 =16；110：预分频因子 =256。 011：预分频因子 =32；111：预分频因子 =256。 注意：对此寄存器进行读操作，将从 VDD 电压域返回预分频值。如果写操作正在进行，则读回的值可能是无效的。因此，只有当 IWDG_SR 寄存器的 PVU 位为 0 时，读出的值才有效

3. 重装载寄存器(IWDG_RLR)

15	14	13	12	11	10	9	8	7	6	5	4	3	2	1	0
保留				RL[11:0]											
				rw											

位 15:12	保留，始终读为 0

续表

位 11:0	RL[11:0]：看门狗计数器重装载值（Watchdog counter reload value）。 这些位具有写保护功能。用于定义看门狗计数器的重装载值，每当向 IWDG_KR 寄存器写入 0xAAAA 时，重装载值会被传送到计数器中。随后计数器从这个值开始递减计数。 看门狗超时周期可通过此重装载值和时钟预分频值来计算。 只有当 IWDG_SR 寄存器中的 RVU 位为 0 时，才能对此寄存器进行修改。 注：对此寄存器进行读操作，将从 VDD 电压域返回预分频值。如果写操作正在进行，则读回的值可能是无效的。因此，只有当 IWDG_SR 寄存器的 RVU 位为 0 时，读出的值才有效

4. 状态寄存器(IWDG_SR)

15–2	1	0
保留	RVU	PVU
	rw	rw

位 15:2	保留，始终读为 0
位 1	RVU：看门狗计数器重装载值更新（Watchdog counter reload value update）。 此位由硬件置‘1’用来指示重装载值的更新正在进行中。当在 VDD 域中的重装载更新结束后，此位由硬件清‘0’（最多需 5 个 40kHz 的 RC 周期）。重装载值只有在 RVU 位被清‘0’后才可更新
位 0	PVU：看门狗预分频值更新（Watchdog prescaler value update）。 此位由硬件置‘1’用来指示预分频值的更新正在进行中。当在 VDD 域中的预分频值更新结束后，此位由硬件清‘0’（最多需 5 个 40kHz 的 RC 周期）。预分频值只有在 PVU 位被清’0’后才可更新

12.3 范例程序

12.3.1 独立看门狗程序

```
#include "stm32f10x.h"
#include "stm32lib.h"
#include "api.h"
/*********************************************************************
** 函数信息:void IWDGInit(void)
** 功能描述:独立看门狗初始化函数,此处设置为 1 秒钟喂狗一次,否则复位
** 输入参数:无
** 输出参数:无
** 调用提示:
*********************************************************************/
void IWDGInit(void)
{
    IWDG_WriteAccessCmd(IWDG_WriteAccess_Enable);  //允许看门狗寄存器写入功能
    IWDG_SetPrescaler(IWDG_Prescaler_32); //看门狗时钟分频设置,40k/32 = 1250Hz(0.8ms)
    IWDG_SetReload(1250);                        //喂狗时间 0.8ms * 1250 = 1s,注意
不能大 0xfff(4095)
```

```
    IWDG_ReloadCounter();                          //重启计数器,即喂狗
    IWDG_Enable();                                 //使能看门狗
}

/**************************************************************
** 函数信息:int main(void)          //WAN.CG//2011.1.8
** 功能描述:开机后,ARMLED闪动,蜂鸣器鸣响一声,如果按下任意一个按键并且不松开,就打
断了喂狗时序,如果持续超过一秒钟不松开按键,看门狗就会复位程序
** 输入参数:
** 输出参数:
** 调用提示:
**************************************************************/
int main(void)
{
    int32u i;

    SystemInit();                 //系统初始化,初始化系统时钟
    GPIOInit();                   //GPIO初始化,凡是实验用到的都要初始化
    TIM2Init();                   //TIM2初始化,LED灯闪烁需要TIM2

    IWDGInit();                   //初始化并打开看门狗

    Buzzer_Time = 5;              //蜂鸣器鸣响
    for(i = 0;i < 50000;i ++);

      while(1)
      {
        IWDG_ReloadCounter();                                          //喂狗

        if(!GPIO_ReadInputDataBit(GPIOC,GPIO_Pin_8))                   //如果KEY1键按下
        {
            while(!GPIO_ReadInputDataBit(GPIOC,GPIO_Pin_8));           //等待按键松开
        }

        if(!GPIO_ReadInputDataBit(GPIOC,GPIO_Pin_9))                   //如果KEY2键按下
        {
            while(!GPIO_ReadInputDataBit(GPIOC,GPIO_Pin_9));           //等待按键松开
        }
        if(!GPIO_ReadInputDataBit(GPIOC,GPIO_Pin_10))                  //如果KEY3键按下
        {
            while(!GPIO_ReadInputDataBit(GPIOC,GPIO_Pin_10));          //等待按键松开
        }
```

```
        if(! GPIO_ReadInputDataBit(GPIOC,GPIO_Pin_11))          //如果 KEY4 键按下
        {
            while(! GPIO_ReadInputDataBit(GPIOC,GPIO_Pin_11));  //等待按键松开
        }
        if(! GPIO_ReadInputDataBit(GPIOC,GPIO_Pin_12))          //如果 KEY5 键按下
        {
            while(! GPIO_ReadInputDataBit(GPIOC,GPIO_Pin_12));  //等待按键松开
        }
        for(i = 0;i < 10000;i ++);                              //延时程序
    }
}
```

12.3.2　窗口看门狗程序

```
/*****************************************************************
深圳信盈达嵌入式培训中心
*****************************************************************/
#include "stm32f10x.h"
#include "stm32lib.h"
#include "api.h"

int8u   Feed_Dog = 0;
/*****************************************************************
** 函数信息:void WWDGInit(void)
** 功能描述:窗口看门狗初始化函数,这个定时器一般只能定时几十毫秒
** 输入参数:无
** 输出参数:无
** 调用提示:
*****************************************************************/
void WWDGInit(void)
{
    NVIC_InitTypeDef   NVIC_InitStructure;

    RCC_APB1PeriphClockCmd(RCC_APB1Periph_WWDG,ENABLE);/* 窗口看门狗时钟允许 */
    WWDG_SetPrescaler(WWDG_Prescaler_8);  /* 看门狗节拍 = (36M/4096)/8 = 1098Hz */
    WWDG_SetWindowValue(0x42);      /* 窗口值用 0x42 */
    WWDG_Enable(0x7F);          /* 看门狗使能并初始化定时器为 0x7f */

    WWDG_ClearFlag();                   /* Clear EWI flag */
    WWDG_EnableIT();                    /* Enable EW interrupt */

    NVIC_PriorityGroupConfig(NVIC_PriorityGroup_1);
```

第12章

```
        NVIC_InitStructure.NVIC_IRQChannel = WWDG_IRQn;
        NVIC_InitStructure.NVIC_IRQChannelPreemptionPriority = 0;
        NVIC_InitStructure.NVIC_IRQChannelSubPriority = 0;
        NVIC_Init(&NVIC_InitStructure);
}
/***********************************************************************
** 函数信息:void WWDG_IRQHandler(void)
** 功能描述:WWDG_IRQHandler 中断服务函数
** 输入参数:无
** 输出参数:无
** 调用提示:
***********************************************************************/
extern u8 Feed_Dog;

void WWDG_IRQHandler(void)
{
    if(Feed_Dog == 1)
        {
            WWDG_SetCounter(0x7F);
            Feed_Dog = 0;
        }
    WWDG_ClearFlag();

}

/***********************************************************************
** 函数信息:int main(void)                    //WAN.CG//2011.3.16
** 功能描述:开机后,ARMLED 闪动,如果是看门狗引起的复位蜂鸣器鸣响一声,如果按下
KEY1 键不松开,就打断了喂狗时序看门狗就会复位程序
** 输入参数:
** 输出参数:
** 调用提示:
***********************************************************************/
int main(void)
{
    int32u i;

    SystemInit();                   //系统初始化,初始化系统时钟
    GPIOInit();                     //GPIO 初始化,凡是实验用到的都要初始化
    TIM2Init();                     //TIM2 初始化,LED 灯闪烁需要 TIM2
    //如果是看门狗引起的复位,蜂鸣器响一声
    if(RCC_GetFlagStatus(RCC_FLAG_WWDGRST) != RESET)
```

```
        {
        Buzzer_Time = 5;
        RCC_ClearFlag();
        }

    for(i = 0;i < 500000;i ++);
        WWDGInit();                                 //初始化并打开看门狗

    while(1)
    {
        //如果 KEY1 键按下,则系统长时间等待,也就是不喂狗
        if(! GPIO_ReadInputDataBit(GPIOC,GPIO_Pin_8))
            {
            while(! GPIO_ReadInputDataBit(GPIOC,GPIO_Pin_8));     //等待按键松开
            }
        Feed_Dog = 1;
    }
}
```

第13章 SPI实验

13.1 SPI 简介

SPI 是一种全双工串行接口，可处理多个连接到指定总线上的主机和从机。在数据传输过程中，总线上只能有一个主机和一个从机通信。在数据传输中，主机总是向从机发送一帧8 到 16 位的数据，而从机也总会向主机发送一帧字节数据。

SPI 控制寄存器用一些可编程位来控制 SPI 功能模块，包括普通功能和异常状况。该寄存器的主要用途是检测数据传输的结束，一般通过判断 SPIF 位来实现，其他位用于指示异常状况。

SPI 数据寄存器用于发送和接收数据字节。串行数据实际的发送和接收是通过 SPI 模块逻辑中的内部移位寄存器来实现的。在发送时，数据会被写入 SPI 数据寄存器。数据寄存器和内部移位寄存器之间没有缓冲区，写数据寄存器会使数据直接进入内部移位寄存器，因此数据只能在上一次数据发送完成后写入该寄存器。读数据是带有缓冲区的，当传输结束时，接收到的数据转移到数据缓冲区，读 SPI 数据寄存器将返回读缓冲区的值。

13.2 SPI 特点

- 兼容串行外设接口（SPI）规范，3 线全双工同步传输；
- 带或不带第三根双向数据线的双线单工同步传输；
- 8 或 16 位传输帧格式选择；
- 主或从操作；
- 支持多主模式；
- 8 个主模式波特率预分频系数（最大为 $f_{PCLK}/2$）；
- 从模式频率（最大为 $f_{PCLK}/2$）；
- 主模式和从模式的快速通信；
- 主模式和从模式下均可以由软件或硬件进行 NSS 管理：主/从操作模式的动态改变；
- 可编程的时钟极性和相位；
- 可编程的数据顺序，MSB 在前或 LSB 在前；
- 可触发中断的专用发送和接收标志；

- SPI 总线忙状态标志；
- 支持可靠通信的硬件 CRC；
  — 在发送模式下，CRC 值可以被作为最后一个字节发送；
  — 在全双工模式中对接收到的最后一个字节自动进行 CRC 校验；
- 可触发中断的主模式故障、过载，以及 CRC 错误标志；
- 支持 DMA 功能的 1 字节发送和接收缓冲器：产生发送和接受请求。

13.3 与 SPI 相关的寄存器

通常 SPI 通过 4 个引脚与外部器件相连：

- MISO：主设备输入/从设备输出引脚。该引脚在从模式下发送数据，在主模式下接收数据。
- MOSI：主设备输出/从设备输入引脚。该引脚在主模式下发送数据，在从模式下接收数据。
- SCK：串口时钟，作为主设备的输出，从设备的输入。
- NSS：从设备选择。这是一个可选的引脚，用来选择主/从设备。它的功能是用来作为"片选引脚"，让主设备可以单独地与特定从设备通信，避免数据线上的冲突。从设备的 NSS 引脚可以由主设备的一个标准 I/O 引脚来驱动。一旦被使能（SSOE 位），NSS 引脚也可以作为输出引脚，并在 SPI 处于主模式时拉低；此时，所有的 SPI 设备，如果它们的 NSS 引脚连接到主设备的 NSS 引脚，则会检测到低电平；如果它们被设置为 NSS 硬件模式，就会自动进入从设备状态。当配置为主设备、NSS 配置为输入引脚（MSTR =1，SSOE =0）时，如果 NSS 被拉低，则这个 SPI 设备进入主模式失败状态，即 MSTR 位被自动清除，此设备进入从模式。

SPI 的方框图如图 13.1 所示。

1. SPI 控制寄存器 1(SPI_CR1)

15	14	13	12	11	10	9	8	7	6	5	4	3	2	1	0
BIDI MODE	BIDI OE	CRCEN	CRC NEXT	DFF	RX ONLY	SSM	SSI	LSB FIRST	SPE	BR[2:0]			MSTR	CPOL	CPHA
rw	rw	rw	rw	rw	rw	rw	rw	rw	rw	rw			rw	rw	rw

位	描述
位 15	BIDIMODE：双向数据模式使能（Bidirectional data mode enable）。 0：选择"双线双向"模式； 1：选择"单线双向"模式
位 14	BIDIOE：双向模式下的输出使能（Output enable in bidirectional mode）和 BIDIMODE 位一起决定在"单线双向"模式下数据的输出方向。 0：输出禁止（只收模式）； 1：输出使能（只发模式）。 这个"单线"数据线在主设备端为 MOSI 引脚，在从设备端为 MISO 引脚
位 13	CRCEN：硬件 CRC 校验使能（Hardware CRC calculation enable）。 0：禁止 CRC 计算； 1：启动 CRC 计算。 注：(1) 只有在禁止 SPI 时（SPE =0），才能写该位，否则出错； (2) 该位只能在全双工模式下使用

续表

位 12	CRCNEXT：下一个发送 CRC（Transmit CRC next）。 0：下一个发送的值来自发送缓冲区； 1：下一个发送的值来自发送 CRC 寄存器。 注：在 SPI_DR 寄存器写入最后一个数据后应马上设置该位
位 11	DFF：数据帧格式（Data frame format）。 0：使用 8 位数据帧格式进行发送/接收； 1：使用 16 位数据帧格式进行发送/接收。 注：只有当 SPI 禁止（SPE =0）时，才能写该位，否则出错
位 10	RXONLY：只接收（Receive only）。 该位和 BIDIMODE 位一起决定在“双线双向”模式下的传输方向。在多个从设备的配置中，在未被访问的从设备上该位被置 1，使得只有被访问的从设备有输出，从而不会造成数据线上数据冲突。 0：全双工（发送和接收）； 1：禁止输出（只接收模式）
位 9	SSM：软件从设备管理（Software slave management）。 当 SSM 被置位时，NSS 引脚上的电平由 SSI 位的值决定。 0：禁止软件从设备管理； 1：启用软件从设备管理
位 8	SSI：内部从设备选择（Internal slave select）。 该位只在 SSM 位为‘1’时有意义。它决定了 NSS 上的电平，在 NSS 引脚上的 I/O 操作无效

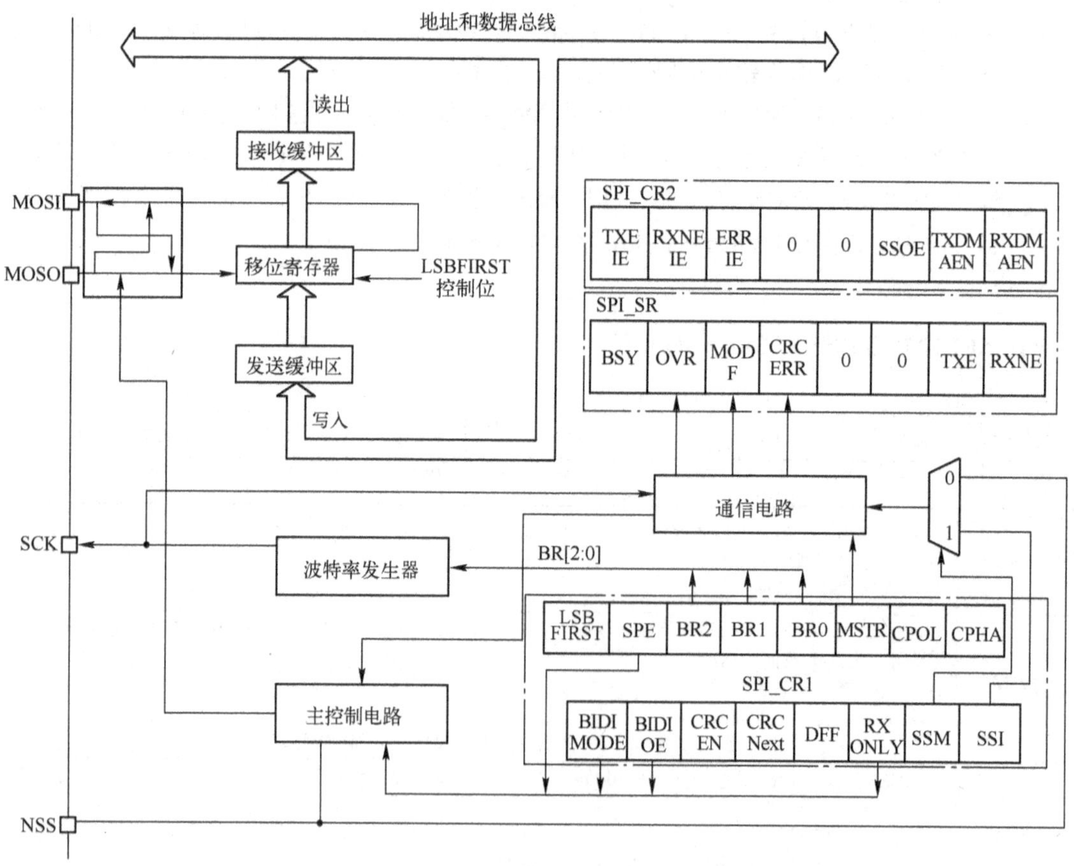

图 13.1　SPI 的方框图

续表

位7	LSBFIRST：帧格式（Frame format）。 0：先发送MSB； 1：先发送LSB。 注：当通信在进行时不能改变该位的值
位6	SPE：SPI使能（SPI enable）。 0：禁止SPI设备； 1：开启SPI设备
位5:3	BR[2:0]：波特率控制（Baud rate control）。 000：$f_{PCLK}/2$；001：$f_{PCLK}/4$；010：$f_{PCLK}/8$；011：$f_{PCLK}/16$； 100：$f_{PCLK}/32$；101：$f_{PCLK}/64$；110：$f_{PCLK}/128$；111：$f_{PCLK}/256$。 当通信正在进行的时候，不能修改这些位
位2	MSTR：主设备选择（Master selection）。 0：配置为从设备； 1：配置为主设备。 注：当通信正在进行的时候，不能修改该位
位1	CPOL：时钟极性（Clock polarity）。 0：空闲状态时，SCK保持低电平； 1：空闲状态时，SCK保持高电平。 注：当通信正在进行的时候，不能修改该位
位0	CPHA：时钟相位（Clock phase）。 0：数据采样从第一个时钟边沿开始； 1：数据采样从第二个时钟边沿开始。 注：当通信正在进行的时候，不能修改该位

2. SPI控制寄存器2(SPI_CR2)

15	14	13	12	11	10	9	8	7	6	5	4	3	2	1	0
保留								TXEIE	RXNEIE	ERRIE	保留		SSOE	TXDMAEN	RXDMAEN
res								rw	rw	rw	res		rw	rw	rw

位15:8	保留位，硬件强制为0
位7	TXEIE：发送缓冲区空中断使能（Tx buffer empty interrupt enable）。 0：禁止TXE中断； 1：允许TXE中断，当TXE标志置位为'1'时产生中断请求
位6	RXNEIE：接收缓冲区非空中断使能（RX buffer not empty interrupt enable）。 0：禁止RXNE中断； 1：允许RXNE中断，当RXNE标志置位时产生中断请求
位5	ERRIE：错误中断使能（Error interrupt enable）。 当错误（CRCERR、OVR、MODF）产生时，该位控制是否产生中断。 0：禁止错误中断； 1：允许错误中断
位4:3	保留位，硬件强制为0
位2	SSOE：SS输出使能（SS output enable）。 0：禁止在主模式下SS输出，该设备可以工作在多主设备模式； 1：设备开启时，开启主模式下SS输出，该设备不能工作在多主设备模式

续表

位 1	TXDMAEN：发送缓冲区 DMA 使能（Tx buffer DMA enable）。 当该位被设置时，TXE 标志一旦被置位就发出 DMA 请求。 0：禁止发送缓冲区 DMA； 1：启动发送缓冲区 DMA
位 0	RXDMAEN：接收缓冲区 DMA 使能（Rx buffer DMA enable）。 当该位被设置时，RXNE 标志一旦被置位就发出 DMA 请求。 0：禁止接收缓冲区 DMA； 1：启动接收缓冲区 DMA

3. SPI 状态寄存器（SPI_SR）

15–8	7	6	5	4	3	2	1	0
保留	BSY	OVR	MODF	CRC ERR	UDR	CHSIDE	TXE	RXNE
res	r	r	r	rc w0	r	r	r	r

位 15:8	保留位，硬件强制为 0
位 7	BSY：忙标志（Busy flag）。 0：SPI 不忙； 1：SPI 正忙于通信，或者发送缓冲非空。 该位由硬件置位或复位
位 6	OVR：溢出标志（Overrun flag）。 0：没有出现溢出错误； 1：出现溢出错误
位 5	MODF：模式错误（Mode fault）。 0：没有出现模式错误； 1：出现模式错误。 该位由硬件置位，由软件序列复位
位 4	CRCERR：CRC 错误标志（CRC error flag）。 0：收到的 CRC 值和 SPI_RXCRCR 寄存器中的值匹配； 1：收到的 CRC 值和 SPI_RXCRCR 寄存器中的值不匹配。 该位由硬件置位，由软件写‘0’而复位
位 3	UDR：下溢标志位（Underrun flag）。 0：未发生下溢； 1：发生下溢。 该标志位由硬件置‘1’，由一个软件序列清‘0’
位 2	CHSIDE：声道（Channel side）。 0：需要传输或者接收左声道； 1：需要传输或者接收右声道
位 1	TXE：发送缓冲为空（Transmit buffer empty）。 0：发送缓冲非空； 1：发送缓冲为空
位 0	RXNE：接收缓冲非空（Receive buffer not empty）。 0：接收缓冲为空； 1：接收缓冲非空

4. SPI 数据寄存器（SPI_DR）

15	14	13	12	11	10	9	8	7	6	5	4	3	2	1	0
DR[15:0]															
rw															

位	描述
位 15:0	DR[15:0]：数据寄存器（Data register），待发送或者已经收到的数据。 数据寄存器对应两个缓冲区：一个用于写（发送缓冲）；另外一个用于读（接收缓冲）。写操作将数据写到发送缓冲区；读操作将返回接收缓冲区里的数据。 对 SPI 模式的注释：根据 SPI_CR1 的 DFF 位对数据帧格式的选择，数据的发送和接收可以是 8 位或 16 位的。为保证正确的操作，需要在启用 SPI 之前就确定好数据帧格式。对于 8 位的数据，缓冲器是 8 位的，发送和接收时只会用到 SPI_DR[7:0]。在接收时，SPI_DR[15:8]被强制为 0。对于 16 位的数据，缓冲器是 16 位的，发送和接收时会用到整个数据寄存器，即 SPI_DR[15:0]

5. SPI CRC 多项式寄存器（SPI_CRCPR）

15	14	13	12	11	10	9	8	7	6	5	4	3	2	1	0
CRCPOLY[15:0]															
rw															

位	描述
位 15:0	CRCPOLY[15:0]：CRC 多项式寄存器（CRC polynomial register） 该寄存器包含了 CRC 计算时用到的多项式。 其复位值为 0x0007，根据应用可以设置其他数值

6. SPI Rx CRC 寄存器（SPI_RXCRCR）

15	14	13	12	11	10	9	8	7	6	5	4	3	2	1	0
RxCRC[15:0]															
r															

位	描述
位 15:0	RxCRC[15:0]：接收 CRC 寄存器。 在启用 CRC 计算时，RxCRC[15:0]中包含了依据收到的字节计算的 CRC 数值。当在 SPI_CR1 的 CRCEN 位写入‘1’时，该寄存器被复位。CRC 计算使用 SPI_CRCPR 中的多项式。 当数据帧格式被设置为 8 位时，仅低 8 位参与计算，并且按照 CRC8 的方法进行；当数据帧格式为 16 位时，寄存器中的所有 16 位都参与计算，并且按照 CRC16 的标准。 注：当 BSY 标志为‘1’时读该寄存器，将可能读到不正确的数值

7. SPI Tx CRC 寄存器（SPI_TXCRCR）

15	14	13	12	11	10	9	8	7	6	5	4	3	2	1	0
TxCRC[15:0]															
r															

位	描述
位 15:0	TxCRC[15:0]：发送 CRC 寄存器。 在启用 CRC 计算时，TxCRC[15:0]中包含了依据将要发送的字节计算的 CRC 数值。当在 SPI_CR1 中的 CRCEN 位写入‘1’时，该寄存器被复位。CRC 计算使用 SPI_CRCPR 中的多项式。 当数据帧格式被设置为 8 位时，仅低 8 位参与计算，并且按照 CRC8 的方法进行；当数据帧格式为 16 位时，寄存器中的所有 16 个位都参与计算，并且按照 CRC16 的标准。 注：当 BSY 标志为‘1’时读该寄存器，将可能读到不正确的数值

8. SPI_I^{2}S 配置寄存器（SPI_I^{2}S_CFGR）

15	14	13	12	11	10	9	8	7	6	5	4	3	2	1	0
保留				I^{2}S MOD	I^{2}SE	I^{2}SCFG		PCM SYNC	保留	I^{2}SSTD		CKPOL	DATLEN		CHLEN
res				rw	rw	rw		rw	res	rw		rw	rw		rw

位	描述
位 15:12	保留位，硬件强制为 0
位 11	I^{2}SMOD：I S 模式选择（IS mode selection） 0：选择 SPI 模式； 1：选择 I^{2}S 模式。 在 SPI 模式下不使用
位 10	I^{2}SE：I^{2}S 使能（I^{2}S enable）。 0：关闭 I^{2}S； 1：I^{2}S 使能。 在 SPI 模式下不使用
位 9:8	I^{2}SCFG：I^{2}S 模式设置（I^{2}S configuration mode）。 00：从设备发送； 01：从设备接收； 10：主设备发送； 11：主设备接受。 注：该位只有在关闭了 I^{2}S 时才能设置。 在 SPI 模式下不使用
位 7	PCMSYNC：PCM 帧同步（PCM frame synchronization）。 0：短帧同步； 1：长帧同步。 注：该位只在 I^{2}SSTD = 11（使用 PCM 标准）时有意义。 在 SPI 模式下不使用
位 6	保留位，硬件强制为 0
位 5:4	I^{2}SSTD：I^{2}S 标准选择（I^{2}S standard selection）。 00：I^{2}S 飞利浦标准； 01：高字节对齐标准（左对齐）； 10：低字节对齐标准（右对齐）； 11：PCM 标准。 注：为了正确操作，只有在关闭了 I^{2}S 时才能设置该位。 在 SPI 模式下不使用
位 3	CKPOL：静止态时钟极性（Steady state clock polarity）。 0：I^{2}S 时钟静止态为低电平； 1：I^{2}S 时钟静止态为高电平。 注：为了正确操作，该位只有在关闭了 I^{2}S 时才能设置。 在 SPI 模式下不使用
位 2:1	DATLEN：待传输数据长度（Data length to be transferred）。 00：16 位数据长度； 01：24 位数据长度； 10：32 位数据长度； 11：不允许。 注：为了正确操作，该位只有在关闭了 I^{2}S 时才能设置。 在 SPI 模式下不使用
位 0	CHLEN：声道长度（每个音频声道的数据位数）（Channel length (number of bits per audio channel)）。 0：16 位宽； 1：32 位宽。 只有在 DATLEN = 00 时该位的写操作才有意义，否则声道长度都由硬件固定为 32 位。 注：为了正确操作，该位只有在关闭了 I^{2}S 时才能设置。 在 SPI 模式下不使用

9. SPI_I²S 预分频寄存器（SPI_I²SPR）

15–10	9	8	7–0
保留	MCKOE	ODD	I²SDIV
	rw	rw	rw

位 15:10	保留位，硬件强制为 0
位 9	MCKOE：主设备时钟输出使能（Master clock output enable）。 0：关闭主设备时钟输出； 1：主设备时钟输出使能。 注：为了正确操作，该位只有在关闭了 I²S 时才能设置。仅在 I²S 主设备模式下使用该位，在 SPI 模式下不使用
位 8	ODD：奇系数预分频（Odd factor for the prescaler）。 0：实际分频系数 = I²SDIV ＊2； 1：实际分频系数 = (I²SDIV ＊ 2) +1。 注：为了正确操作，该位只有在关闭了 I²S 时才能设置。仅在 I²S 主设备模式下使用该位，在 SPI 模式下不使用
位 7:0	I²SDIV：I²S 线性预分频（I²S linear prescaler）。 禁止设置 I²SDIV［7:0］=0 或者 I²SDIV［7:0］=1。 注:为了正确操作,该位只有在关闭了 I²S 时才能设置。仅在 I²S 主设备模式下使用该位,在 SPI 模式下不使用

13.4 范例程序

```
/ ************************************************************************
深圳信盈达嵌入式培训中心
************************************************************************ /


#include "stm32f10x.h"
#include "stm32lib.h"
#include "api.h"

int32u     GulChipID = 0;
int8u      GucWrBuf[10] = {0,1, 2, 3, 4, 5, 6, 7, 8, 9};
int8u      GucRdBuf[10];

void Delayms(u32 dly);

/ ************************************************************************
 ** 函数信息 :int main (void)
 **功能描述 :开机后,ARMLED 闪动,向扇区 0 写入数据,并读回比较是否相同,相同蜂鸣器响一
声,不同,连续蜂鸣
 **输入参数 :
 **输出参数 :
```

```
** 调用提示 :
*****************************************************************************/
int main(void)
{
    int32u i;

    SystemInit();          //系统初始化,初始化系统时钟
    GPIOInit();            //GPIO 初始化,凡是实验用到的都要初始化
    TIM2Init();            //TIM2 初始化 ,LED 灯闪烁需要 TIM2
    SPI1Init();            //SPI 初始化

    //单步运行到此处时,在 ram 里查看 GuiChipID 的值是否 0x1F460100
    spiFLASH_RdID(Jedec_ID, &GulChipID);

    //擦除芯片(擦除 0 扇区),每扇区擦除时间为 20ms
    spiFLASH_Erase(0, 0);

    //以 0 为起始地址,将 WrBuf 数组里的 10 个数据写入芯片
    spiFLASH_WR(0, GucWrBuf, 10);

    //以 0 为起始地址,读 10 个数据到 RdBuf 中
    spiFLASH_RD(0, GucRdBuf, 10);
    for (i = 0;i < 8;i ++)
    {
        if (GucRdBuf[i] ! = GucWrBuf[i] )          //若 SPI 读写不正确
        {
            while (1)                              // 出错,连续蜂鸣
            {
            GPIO_SetBits(GPIOB, GPIO_Pin_5);       //PB5 输出高电平,蜂鸣器鸣响
            Delayms(30);
            GPIO_ResetBits(GPIOB, GPIO_Pin_5);     //PB5 输出低电平,蜂鸣器不鸣响
            Delayms(50);
            }
        }
    }
    Delayms(100);
    Buzzer_Time = 10;                              //正确,蜂鸣一次
    Delayms(500);
    while (1);
}
/*****************************************************************************
** 函数信息 :void Delay(u16 dly)
```

```
** 功能描述 :延时函数,大致为毫秒
** 输入参数 :u32 dly:延时时间
** 输出参数 :无
** 调用提示 :无
************************************************************************/
void Delayms(int32u dly)
{
    int16u  i;
    for( ;dly > 0;dly -- )
        for (i = 0;i < 10000;i ++ );
}
```

第14章 CAN BUS实验

14.1 CAN 简介

控制局域网（CAN）是串行数据通信的一种高性能通信协议。CAN 控制器提供了一个完整的 CAN 协议（遵循 CAN 规范 V2.0B）实现方案。微控制器包含了该片内 CAN 控制器，用来构建功能强大的局域网，支持极高安全级别的分布式实时控制，可以在汽车、工业环境、高速网络，以及低价位多路联机的应用中发挥很大的作用。因此，能大大精简线缆（wiring harness），且具有强大的诊断监控功能。

STM32 的 CAN 控制器是 bxCAN，bxCAN 是基本扩展 CAN（Basic Extended CAN）的缩写，它支持 CAN 协议 2.0A 和 2.0B。它的设计目标是，以最小的 CPU 负荷来高效处理大量收到的报文。它也支持报文发送的优先级（优先级特性可软件配置）。

对于安全紧要的应用，bxCAN 提供所有支持时间触发通信模式所需的硬件功能。

14.2 bxCAN 主要特点

- 支持 CAN 协议 2.0A 和 2.0B 主动模式。
- 波特率最高可达 1 兆位/秒。
- 支持时间触发通信功能。
- 发送。
- 3 个发送邮箱。
- 发送报文的优先级特性可软件配置。
- 记录发送 SOF 时刻的时间戳。
- 接收。
- 3 级深度的 2 个接收 FIFO。
- 可变的过滤器组：

  —在互联型产品中，CAN1 和 CAN2 分享 28 个过滤器组；

  —其他 STM32F103xx 系列产品中有 14 个过滤器组。
- 标识符列表。
- FIFO 溢出处理方式可配置。

- 记录接收 SOF 时刻的时间戳。
- 时间触发通信模式。
- 禁止自动重传模式。
- 16 位自由运行定时器。
- 可在最后 2 个数据字节发送时间戳。
- 管理。
- 中断可屏蔽。
- 邮箱占用单独 1 块地址空间，便于提高软件效率。
- 双 CAN。
- CAN1：是主 bxCAN，它负责管理在 bxCAN 和 512 字节的 SRAM 存储器之间的通信。
- CAN2：是从 bxCAN，它不能直接访问 SRAM 存储器。
- 这 2 个 bxCAN 模块共享 512 字节的 SRAM 存储器。

14.3 CAN 相关的寄存器

1. CAN 主控制寄存器（CAN_MCR）

31	30	29	28	27	26	25	24	23	22	21	20	19	18	17	16
保留															DBF
															rw

15	14	13	12	11	10	9	8	7	6	5	4	3	2	1	0
RESET	保留							TTCM	ABOM	AWUM	NART	RFLM	TXFP	SLEEP	INRQ
rs	res							rw	rw	rw	rw	rw	rw	rw	rw

位 31:17	保留，硬件强制为 0
位 16	DBF：调试冻结（Debug freeze）。 0：在调试时，CAN 照常工作； 1：在调试时，冻结 CAN 的接收/发送。仍然可以正常地读/写和控制接收 FIFO
位 15	RESET：bxCAN 软件复位（bxCAN software master reset）。 0：本外设正常工作； 1：对 bxCAN 进行强行复位，复位后 bxCAN 进入睡眠模式（FMP 位和 CAN_MCR 寄存器被初始化为其复位值）。此后硬件自动对该位清‘0’
位 14:8	保留，硬件强制为 0
位 7	TTCM：时间触发通信模式（Time triggered communication mode）。 0：禁止时间触发通信模式； 1：允许时间触发通信模式
位 6	ABOM：自动离线（Bus - Off）管理（Automatic bus - off management）。 该位决定 CAN 硬件在什么条件下可以退出离线状态。 0：离线状态的退出过程是，软件对 CAN_MCR 寄存器的 INRQ 位进行置‘1’随后清‘0’后，一旦硬件检测到 128 次 11 位连续的隐性位，则退出离线状态； 1：一旦硬件检测到 128 次 11 位连续的隐性位，则自动退出离线状态
位 5	AWUM：自动唤醒模式（Automatic wakeup mode）。 该位决定 CAN 处在睡眠模式时由硬件还是软件唤醒 。 0：睡眠模式通过清除 CAN_MCR 寄存器的 SLEEP 位，由软件唤醒； 1：睡眠模式通过检测 CAN 报文，由硬件自动唤醒，唤醒的同时，硬件自动对 CAN_MSR 寄存器的 SLEEP 和 SLAK 位清‘0’

续表

位 4	NART：禁止报文自动重传（No automatic retransmission）。 0：按照 CAN 标准，CAN 硬件在发送报文失败时会一直自动重传直到发送成功； 1：CAN 报文只被发送 1 次，不管发送的结果如何（成功、出错或仲裁丢失）
位 3	RFLM：接收 FIFO 锁定模式（Receive FIFO locked mode）。 0：在接收溢出时 FIFO 未被锁定，当接收 FIFO 的报文未被读出，下一个收到的报文会覆盖原有的报文； 1：在接收溢出时 FIFO 被锁定，当接收 FIFO 的报文未被读出，下一个收到的报文会被丢弃
位 2	TXFP：发送 FIFO 优先级（Transmit FIFO priority）。 当有多个报文同时在等待发送时，该位决定这些报文的发送顺序。 0：优先级由报文的标识符来决定； 1：优先级由发送请求的顺序来决定
位 1	SLEEP：睡眠模式请求（Sleep mode request）。 软件对该位置‘1’可以请求 CAN 进入睡眠模式，一旦当前的 CAN 活动（发送或接收报文）结束，CAN 就进入睡眠。 软件对该位清‘0’使 CAN 退出睡眠模式。 当设置了 AWUM 位且在 CAN Rx 信号中检测出 SOF 位时，硬件对该位清‘0’。 在复位后该位被置‘1’，即 CAN 在复位后处于睡眠模式
位 0	INRQ：初始化请求（Initialization request） 软件对该位清‘0’可使 CAN 从初始化模式进入正常工作模式：当 CAN 在接收引脚检测到连续的 11 个隐性位后，CAN 就达到同步，并为接收和发送数据作好准备了。为此，硬件相应地对 CAN_MSR 寄存器的 INAK 位清‘0’。 软件对该位置‘1’可使 CAN 从正常工作模式进入初始化模式：一旦当前的 CAN 活动（发送或接收）结束，CAN 就进入初始化模式。相应地，硬件对 CAN_MSR 寄存器的 INAK 位置‘1’

2. CAN 主状态寄存器（CAN_MSR）

31	30	29	28	27	26	25	24	23	22	21	20	19	18	17	16
保留															
15	14	13	12	11	10	9	8	7	6	5	4	3	2	1	0
保留				RX	SAMP	RXM	TXM	保留			SLAKI	WKUI	ERRI	SLAK	INAK
				r	r	r	r				rc w1	rc w1	rc w1	r	r

位 31:12	保留位，硬件强制为 0
位 11	RX：CAN 接收电平（CAN Rx signal）。 该位反映 CAN 接收引脚（CAN_RX）的实际电平
位 10	SAMP：上次采样值（Last sample point）。 CAN 接收引脚的上次采样值（对应于当前接收位的值）
位 9	RXM：接收模式（Receive mode）。 该位为‘1’表示 CAN 当前为接收器
位 8	TXM：发送模式（Transmit mode）。 该位为‘1’表示 CAN 当前为发送器
位 7:5	保留位，硬件强制为 0
位 4	SLAKI：睡眠确认中断（Sleep acknowledge interrupt）。 当 SLKIE =1，一旦 CAN 进入睡眠模式硬件就对该位置‘1’，紧接着相应的中断被触发。当设置该位为‘1’时，如果设置了 CAN_IER 寄存器中的 SLKIE 位，将产生一个状态改变中断。 软件可对该位清‘0’，当 SLAK 位被清‘0’时硬件也对该位清‘0’。 注：当 SLKIE =0，不应该查询该位，而应该查询 SLAK 位来获知睡眠状态
位 3	WKUI：唤醒中断挂号（Wakeup interrupt）。 当 CAN 处于睡眠状态，一旦检测到帧起始位（SOF），硬件就置该位为‘1’；如果 CAN_IER 寄存器的 WKUIE 位为‘1’，则产生一个状态改变中断。该位由软件清‘0’

续表

位 2	ERRI：出错中断挂号（Error interrupt）。 当检测到错误时，CAN_ESR 寄存器的某位被置‘1’，如果 CAN_IER 寄存器的相应中断使能位也被置‘1’时，则硬件对该位置‘1’；如果 CAN_IER 寄存器的 ERRIE 位为‘1’，则产生状态改变中断。该位由软件清‘0’
位 1	SLAK：睡眠模式确认。 该位由硬件置‘1’，指示软件 CAN 模块正处于睡眠模式。该位是对软件请求进入睡眠模式的确认（对 CAN_MCR 寄存器的 SLEEP 位置‘1’）。 当 CAN 退出睡眠模式时硬件对该位清‘0’（需要跟 CAN 总线同步）。这里跟 CAN 总线同步是指，硬件需要在 CAN 的 RX 引脚上检测到连续的 11 位隐性位。 注：通过软件或硬件对 CAN_MCR 的 SLEEP 位清‘0’，将启动退出睡眠模式的过程。有关清除 SLEEP 位的详细信息，参见 CAN_MCR 寄存器的 AWUM 位的描述
位 0	INAK：初始化确认 该位由硬件置‘1’，指示软件 CAN 模块正处于初始化模式。该位是对软件请求进入初始化模式的确认（对 CAN_MCR 寄存器的 INRQ 位置‘1’）。 当 CAN 退出初始化模式时硬件对该位清‘0’（需要跟 CAN 总线同步）。这里跟 CAN 总线同步是指，硬件需要在 CAN 的 RX 引脚上检测到连续的 11 位隐性位

3. CAN 发送状态寄存器（CAN_TSR）

31	30	29	28	27	26	25	24	23	22	21	20	19	18	17	16
LOW2	LOW1	LOW0	TME2	TME1	TME0	CODE[1:0]		ABRQ2	保留			TERR2	ALST2	TXOK2	RQCP2
r	r	r	r	r	r	r		r	res			rc w1	rc w1	rc w1	rc w1

15	14	13	12	11	10	9	8	7	6	5	4	3	2	1	0
ABRQ1	保留			TERR1	ALST1	TXOK1	RQCP1	ABRQ0	保留			TERR0	ALST0	TXOK0	RQCP0
rs	res			rc w1	rc w1	rc w1	rc w1	rs	res			rc w1	rc w1	rc w1	rc w1

位 31	LOW2：邮箱 2 最低优先级标志（Lowest priority flag for mailbox 2）。 当多个邮箱在等待发送报文，且邮箱 2 的优先级最低时，硬件对该位置‘1’
位 30	LOW1：邮箱 1 最低优先级标志（Lowest priority flag for mailbox 1）。 当多个邮箱在等待发送报文，且邮箱 1 的优先级最低时，硬件对该位置‘1’
位 29	LOW0：邮箱 0 最低优先级标志（Lowest priority flag for mailbox 0）。 当多个邮箱在等待发送报文，且邮箱 0 的优先级最低时，硬件对该位置‘1’。 注：如果只有 1 个邮箱在等待，则 LOW[2:0]被清‘0’
位 28	TME2：发送邮箱 2 空（Transmit mailbox 2 empty）。 当邮箱 2 中没有等待发送的报文时，硬件对该位置‘1’
位 27	TME1：发送邮箱 1 空（Transmit mailbox 1 empty）。 当邮箱 1 中没有等待发送的报文时，硬件对该位置‘1’
位 26	TME0：发送邮箱 0 空（Transmit mailbox 0 empty） 当邮箱 0 中没有等待发送的报文时，硬件对该位置‘1’
位 25:24	CODE[1:0]：邮箱号（Mailbox code）。 当有至少 1 个发送邮箱为空时，这 2 位表示下一个空的发送邮箱号。 当所有的发送邮箱都为空时，这 2 位表示优先级最低的那个发送邮箱号
位 23	ABRQ2：邮箱 2 中止发送（Abort request for mailbox 2）。 软件对该位置‘1’，可以中止邮箱 2 的发送请求，当邮箱 2 的发送报文被清除时硬件对该位清‘0’。 如果邮箱 2 中没有等待发送的报文，则对该位置‘1’没有任何效果
位 22:20	保留位，硬件强制其值为 0
位 19	TERR2：邮箱 2 发送失败（Transmission error of mailbox 2）。 当邮箱 2 因为出错而导致发送失败时，对该位置‘1’

续表

位 18	ALST2：邮箱 2 仲裁丢失（Arbitration lost for mailbox 2）。 当邮箱 2 因为仲裁丢失而导致发送失败时，对该位置‘1’
位 17	TXOK2：邮箱 2 发送成功（Transmission OK of mailbox 2）。 每次在邮箱 2 进行发送尝试后，硬件对该位进行更新。 0：上次发送尝试失败； 1：上次发送尝试成功。 当邮箱 2 的发送请求被成功完成后，硬件对该位置‘1’
位 16	RQCP2：邮箱 2 请求完成（Request completed mailbox 2）。 当上次对邮箱 2 的请求（发送或中止）完成后，硬件对该位置‘1’。 软件对该位写‘1’可以对其清‘0’；当硬件接收到发送请求时也对该位清‘0’（CAN_TI2R 寄存器的 TXRQ 位被置‘1’）。 该位被清‘0’时，邮箱 2 的其他发送状态位（TXOK2，ALST2 和 TERR2）也被清‘0’
位 15	ABRQ1：邮箱 1 中止发送（Abort request for mailbox 1）。 软件对该位置‘1’，可以中止邮箱 1 的发送请求，当邮箱 1 的发送报文被清除时硬件对该位清‘0’。 如果邮箱 1 中没有等待发送的报文，则对该位置‘1’没有任何效果
位 14:12	保留位，硬件强制其值为 0
位 11	TERR1：邮箱 1 发送失败（Transmission error of mailbox 1）。 当邮箱 1 因为出错而导致发送失败时，对该位置‘1’
位 10	ALST1：邮箱 1 仲裁丢失（Arbitration lost for mailbox 1）。 当邮箱 1 因为仲裁丢失而导致发送失败时，对该位置‘1’
位 9	TXOK1：邮箱 1 发送成功（Transmission OK of mailbox 1）。 每次在邮箱 1 进行发送尝试后，硬件对该位进行更新。 0：上次发送尝试失败； 1：上次发送尝试成功。 当邮箱 1 的发送请求被成功完成后，硬件对该位置‘1’
位 8	RQCP1：邮箱 1 请求完成（Request completed mailbox 1）。 当上次对邮箱 1 的请求（发送或中止）完成后，硬件对该位置‘1’。 软件对该位写‘1’可以对其清‘0’；当硬件接收到发送请求时也对该位清‘0’（CAN_ TI1R 寄存器的 TXRQ 位被置‘1’）。 该位被清‘0’时，邮箱 1 的其他发送状态位（TXOK1，ALST1 和 TERR1）也被清‘0’
位 7	ABRQ0：邮箱 0 中止发送（Abort request for mailbox 0）。 软件对该位置‘1’可以中止邮箱 0 的发送请求，当邮箱 0 的发送报文被清除时硬件对该位清‘0’。 如果邮箱 0 中没有等待发送的报文，则对该位置 1 没有任何效果
位 6:4	保留位，硬件强制其值为 0
位 3	TERR0：邮箱 0 发送失败（Transmission error of mailbox 0）。 当邮箱 0 因为出错而导致发送失败时，对该位置‘1’
位 2	ALST0：邮箱 0 仲裁丢失（Arbitration lost for mailbox 0）。 当邮箱 0 因为仲裁丢失而导致发送失败时，对该位置‘1’
位 1	TXOK0：邮箱 0 发送成功（Transmission OK of mailbox 0）。 每次在邮箱 0 进行发送尝试后，硬件对该位进行更新。 0：上次发送尝试失败； 1：上次发送尝试成功。 当邮箱 0 的发送请求被成功完成后，硬件对该位置‘1’
位 0	RQCP0：邮箱 0 请求完成（Request completed mailbox 0）。 当上次对邮箱 0 的请求（发送或中止）完成后，硬件对该位置‘1’。 软件对该位写‘1’可以对其清‘0’；当硬件接收到发送请求时也对该位清‘0’（CAN_TI0R 寄存器的 TXRQ 位被置‘1’）。 该位被清‘0’时，邮箱 0 的其他发送状态位（TXOK0，ALST0 和 TERR0）也被清‘0’

4. CAN 接收 FIFO 0 寄存器（CAN_RF0R）

31	30	29	28	27	26	25	24	23	22	21	20	19	18	17	16
保留															

15	14	13	12	11	10	9	8	7	6	5	4	3	2	1	0
保留										RFOM0	FOVR0	FULL0	保留	Fmp0[1:0]	
res										rs	rc w1	rc w1		r	

位 31:6	保留位，硬件强制为 0
位 5	RFOM0：释放接收 FIFO 0 输出邮箱（Release FIFO 0 output mailbox）。 软件通过对该位置‘1’来释放接收 FIFO 的输出邮箱。如果接收 FIFO 为空，那么对该位置‘1’没有任何效果，即只有当 FIFO 中有报文时对该位置‘1’才有意义。如果 FIFO 中有 2 个以上的报文，由于 FIFO 的特点，软件需要释放输出邮箱才能访问第 2 个报文。 当输出邮箱被释放时，硬件对该位清‘0’
位 4	FOVR0：FIFO 0 溢出（FIFO 0 overrun）。 当 FIFO 0 已满，又收到新的报文且报文符合过滤条件，硬件对该位置‘1’。 该位由软件清‘0’
位 3	FULL0：FIFO 0 满（FIFO 0 full）。 当 FIFO 0 中有 3 个报文时，硬件对该位置‘1’。 该位由软件清‘0’
位 2	保留位，硬件强制其值为 0
位 1:0	Fmp0[1:0]：FIFO 0 报文数目（FIFO 0 message pending）。 FIFO 0 报文数目这 2 位反映了当前接收 FIFO 0 中存放的报文数目。 每当 1 个新的报文被存入接收 FIFO 0，硬件就对 Fmp0 加 1。 每当软件对 RFOM0 位写‘1’来释放输出邮箱，Fmp0 就被减 1，直到其为 0

5. CAN 接收 FIFO 1 寄存器（CAN_RF1R）

31	30	29	28	27	26	25	24	23	22	21	20	19	18	17	16
保留															

15	14	13	12	11	10	9	8	7	6	5	4	3	2	1	0
保留										RFOM1	FOVR1	FULL1	保留	Fmp1[1:0]	
res										rs	rc w1	rc w1		r	

位 31:6	保留位，硬件强制为 0
位 5	RFOM1：释放接收 FIFO 1 输出邮箱（Release FIFO 1 output mailbox）。 软件通过对该位置‘1’来释放接收 FIFO 的输出邮箱。如果接收 FIFO 为空，那么对该位置‘1’没有任何效果，即只有当 FIFO 中有报文时对该位置‘1’才有意义。如果 FIFO 中有 2 个以上的报文，由于 FIFO 的特点，软件需要释放输出邮箱才能访问第 2 个报文。 当输出邮箱被释放时，硬件对该位清‘0’
位 4	FOVR1：FIFO 1 溢出（FIFO 1 overrun）。 当 FIFO 1 已满，又收到新的报文且报文符合过滤条件，硬件对该位置‘1’。 该位由软件清‘0’
位 3	FULL1：FIFO 1 满（FIFO 1 full）。 当 FIFO 1 中有 3 个报文时，硬件对该位置‘1’。 该位由软件清‘0’

续表

位 2	保留位，硬件强制其值为 0
位 1:0	Fmp1[1:0]：FIFO 1 报文数目（FIFO 1 message pending）。 FIFO 1 报文数目这 2 位反映了当前接收 FIFO 1 中存放的报文数目。 每当 1 个新的报文被存入接收 FIFO 1，硬件就对 Fmp1 加 1。 每当软件对 RFOM1 位写 1 来释放输出邮箱，Fmp1 就被减 1，直到其为 0

6. CAN 中断使能寄存器（CAN_IER）

31	30	29	28	27	26	25	24	23	22	21	20	19	18	17	16
保留														SLKIE	WKUIE
														rw	rw

15	14	13	12	11	10	9	8	7	6	5	4	3	2	1	0
ERRIE	保留			LECIE	BOFIE	EPVIE	EWGIE	保留	FOVIE1	FFIE1	FMPIE1	FOVIE0	FFIE0	FMPIE0	TMEIE
rw	res			rw	rw	rw	rw	res	rw	rw	rw	rw	rw	rw	rw

位 31:18	保留位，硬件强制为 0
位 17	SLKIE：睡眠中断使能（Sleep interrupt enable）。 0：当 SLAKI 位被置‘1’时，不产生中断； 1：当 SLAKI 位被置‘1’时，产生中断
位 16	WKUIE：唤醒中断使能（Wakeup interrupt enable）。 0：当 WKUI 位被置‘1’时，不产生中断； 1：当 WKUI 位被置‘1’时，产生中断
位 15	ERRIE：错误中断使能（Error interrupt enable）。 0：当 CAN_ESR 寄存器有错误挂号时，不产生中断； 1：当 CAN_ESR 寄存器有错误挂号时，产生中断
位 14:12	保留位，硬件强制为 0
位 11	LECIE：上次错误号中断使能（Last error code interrupt enable）。 0：当检测到错误，硬件设置 LEC[2:0]时，不设置 ERRI 位； 1：当检测到错误，硬件设置 LEC[2:0]时，设置 ERRI 位为‘1’
位 10	BOFIE：离线中断使能（Bus - off interrupt enable） 0：当 BOFF 位被置‘1’时，不设置 ERRI 位； 1：当 BOFF 位被置‘1’时，设置 ERRI 位为‘1’
位 9	EPVIE：错误被动中断使能（Error Passive Interrupt Enable）。 0：当 EPVF 位被置‘1’时，不设置 ERRI 位； 1：当 EPVF 位被置‘1’时，设置 ERRI 位为‘1’
位 8	EWGIE：错误警告中断使能（Error warning interrupt enable）。 0：当 EWGF 位被置‘1’时，不设置 ERRI 位； 1：当 EWGF 位被置‘1’时，设置 ERRI 位为‘1’
位 7	保留位，硬件强制为 0
位 6	FOVIE1：FIFO 1 溢出中断使能（FIFO overrun interrupt enable）。 0：当 FIFO 1 的 FOVR 位被置‘1’时，不产生中断； 1：当 FIFO 1 的 FOVR 位被置‘1’时，产生中断
位 5	FFIE1：FIFO 1 满中断使能（FIFO full interrupt enable）。 0：当 FIFO 1 的 FULL 位被置‘1’时，不产生中断； 1：当 FIFO 1 的 FULL 位被置‘1’时，产生中断

续表

位4	FMPIE1: FIFO 1 消息挂号中断使能（FIFO message pending interrupt enable）。 0：当 FIFO 1 的 FMP[1:0]位为非0时，不产生中断； 1：当 FIFO 1 的 FMP[1:0]位为非0时，产生中断
位3	FOVIE0：FIFO 0 溢出中断使能（FIFO overrun interrupt enable）。 0：当 FIFO 0 的 FOVR 位被置‘1’时，不产生中断； 1：当 FIFO 0 的 FOVR 位被置‘1’时，产生中断
位2	FFIE0：FIFO 0 满中断使能（FIFO full interrupt enable）。 0：当 FIFO 0 的 FULL 位被置‘1’时，不产生中断； 1：当 FIFO 0 的 FULL 位被置‘1’时，产生中断
位1	FMPIE0: FIFO 0 消息挂号中断使能（FIFO message pending interrupt enable）。 0：当 FIFO 0 的 FMP[1:0]位为非0时，不产生中断； 1：当 FIFO 0 的 FMP[1:0]位为非0时，产生中断
位0	TMEIE：发送邮箱空中断使能（Transmit mailbox empty interrupt enable）。 0：当 RQCPx 位被置‘1’时，不产生中断； 1：当 RQCPx 位被置‘1’时，产生中断

7. CAN 错误状态寄存器（CAN_ESR）

31	30	29	28	27	26	25	24	23	22	21	20	19	18	17	16
REC[7:0]								TEC[7:0]							
r								r							

15	14	13	12	11	10	9	8	7	6	5	4	3	2	1	0
保留									LEC[2:0]			保留	BOFF	EPVF	WEGF
									rw				r	r	r

位31:24	REC[7:0]：接收错误计数器（Receive error counter）。 这个计数器按照 CAN 协议的故障界定机制的接收部分实现。按照 CAN 的标准，当接收出错时，根据出错的条件，该计数器加1或加8；而在每次接收成功后，该计数器减1，或当该计数器的值大于127时，设置它的值为120。当该计数器的值超过127时，CAN 进入错误被动状态
位23:16	TEC[7:0]：9位发送错误计数器的低8位（Least significant byte of the 9 - bit transmit error counter）。 与上面相似，这个计数器按照 CAN 协议的故障界定机制的发送部分实现
位15:7	保留位，硬件强制为0
位6:4	LEC[2:0]：上次错误代码（Last error code）。 在检测到 CAN 总线上发生错误时，硬件根据出错情况设置。当报文被正确发送或接收后，硬件清除其值为‘0’。 硬件没有使用错误代码7，软件可以设置该值，从而可以检测代码的更新。 000：没有错误； 001：位填充错； 010：格式（Form）错； 011：确认（ACK）错； 100：隐性位错； 101：显性位错； 110：CRC 错； 111：由软件设置
位3	保留位，硬件强制为0

续表

位 2	BOFF：离线标志（Bus - off flag）。 当进入离线状态时，硬件对该位置‘1’。当发送错误计数器 TEC 溢出，即大于 255 时，CAN 进入离线状态
位 1	EPVF：错误被动标志（Error passive flag）。 当出错次数达到错误被动的阈值时，硬件对该位置‘1’。 （接收错误计数器或发送错误计数器的值 > 127）
位 0	EWGF：错误警告标志（Error warning flag）。 当出错次数达到警告的阈值时，硬件对该位置‘1’。 （接收错误计数器或发送错误计数器的值≥96）

8. CAN 位时序寄存器（CAN_BTR）

31	30	29	28	27	26	25	24	23	22	21	20	19	18	17	16
SILM	LBKM	保留				SJW[1:0]		保留	TS2[2:0]			TS1[3:0]			
rw	rw	res				rw		res	rw			rw			

15	14	13	12	11	10	9	8	7	6	5	4	3	2	1	0
保留						BRP[9:0]									
res						rw									

位 31	SILM：静默模式（用于调试）（Silent mode（debug）） 0：正常状态； 1：静默模式
位 30	LBKM：环回模式（用于调试）（Loop back mode（debug）） 0：禁止环回模式； 1：允许环回模式
位 29:26	保留位，硬件强制为 0
位 25:24	SJW[1:0]：重新同步跳跃宽度（Resynchronization jump width） 为了重新同步，该位域定义了 CAN 硬件，在每位中可以延长或缩短多少个时间单元的上限。 tRJW = tCANx（SJW[1:0] +1）
位 23	保留位，硬件强制为 0
位 22:20	TS2[2:0]：时间段 2（Time segment 2） 该位域定义了时间段 2 占用了多少个时间单元 BS2 = tCANx（TS2[2:0] +1）
位 19:16	TS1[3:0]：时间段 1（Time segment 1） 该位域定义了时间段 1 占用了多少个时间单元 tBS1 = tCANx（TS1[3:0] +1）
位 15:10	保留位，硬件强制其值为 0
位 9:0	BRP[9:0]：波特率分频器（Baud rate prescaler） 该位域定义了时间单元（t_q）的时间长度 $t_q = (BRP[9:0] + 1) \times t_{PCLK}$

9. 发送邮箱标识符寄存器（CAN_TIxR）（x=0,…,2）

31:21	20:16
STID[10:0]/EXID[28:18]	EXIX[17:13]
rw	rw

15:3	2	1	0
EXID[12:0]	IDE	RTR	TXRQ
rw	rw	rw	rw

位	说明
位31:21	STID[10:0]/EXID[28:18]：标准标识符或扩展标识符（Standard identifier or extended identifier）。 依据IDE位的内容，这些位或标准标识符，或者扩展身份标识的高字节
位20:3	EXID[17:0]：扩展标识符（Extended identifie）， 扩展身份标识的低字节
位2	IDE：标识符选择（Identifier extension）。 该位决定发送邮箱中报文使用的标识符类型。 0：使用标准标识符； 1：使用扩展标识符
位1	RTR：远程发送请求（Remote transmission request）。 0：数据帧； 1：远程帧
位0	TXRQ：发送数据请求（Transmit mailbox request）。 由软件对其置'1'，来请求发送邮箱的数据。当数据发送完成，邮箱为空时，硬件对其清'0'

10. 发送邮箱数据长度和时间戳寄存器（CAN_TDTxR）（x=0,…,2）

31:16
TIME[15:0]
rw

15:9	8	7:4	3:0
保留	TGT	保留	DLC[3:0]
res	rw	res	rw

位	说明
位31:16	TIME[15:0]：报文时间戳（Message time stamp）。 该域包含了在发送该报文SOF的时刻，16位定时器的值
位15:9	保留位
位8	TGT：发送时间戳（Transmit global time）。 只有在CAN处于时间触发通信模式，即CAN_MCR寄存器的TTCM位为'1'时，该位才有效。 0：不发送时间戳TIME[15:0]； 1：发送时间戳TIME[15:0]。在长度为8的报文中，时间戳TIME[15:0]是最后2个发送的字节：TIME[7:0]作为第7个字节，TIME[15:8]为第8个字节，它们替换了写入CAN_TDHxR[31:16]的数据（DATA6[7:0]和DATA7[7:0]）。为了把时间戳的2个字节发送出去，DLC必须编程为8
位7:4	保留位
位3:0	DLC[3:0]：发送数据长度（Data length code）。 该域指定了数据报文的数据长度或者远程帧请求的数据长度。1个报文包含0到8个字节数据，而这由DLC决定

11. 发送邮箱低字节数据寄存器（CAN_TDLxR）（x =0，…，2）

31-24	23-16
DATA3[7:0]	DATA2[7:0]
rw	rw

15-8	7-0
DATA1[7:0]	DATA0[7:0]
rw	rw

位	说明
位 31:24	DATA3[7:0]：数据字节 3（Data byte 3）。 报文的数据字节 3
位 23:16	DATA2[7:0]：数据字节 2（Data byte 2）。 报文的数据字节 2
位 15:8	DATA1[7:0]：数据字节 1（Data byte1）。 报文的数据字节 1
位 7:0	DATA0[7:0]：数据字节 0（Data byte 0）。 报文的数据字节 0

12. 发送邮箱高字节数据寄存器（CAN_TDHxR）（x =0，…，2）

31-24	23-16
DATA7[7:0]	DATA6[7:0]
rw	rw

15-8	7-0
DATA5[7:0]	DATA4[7:0]
rw	rw

位	说明
位 31:24	DATA7[7:0]：数据字节 7(Data byte 7)。 报文的数据字节 7。 注：如果 CAN_MCR 寄存器的 TTCM 位为‘1’，且该邮箱的 TGT 位也为‘1’，那么 DATA7 和 DATA6 将被 TIME 时间戳代替
位 23:16	DATA6[7:0]：数据字节 6（Data byte 6）。 报文的数据字节 6
位 15:8	DATA5[7:0]：数据字节 5(Data byte 5)。 报文的数据字节 5
位 7:0	DATA4[7:0]：数据字节 4(Data byte 4)。 报文的数据字节 4

13. 接收 FIFO 邮箱标识符寄存器（CAN_RIxR）（x =0，…，1）

31-21	20-16
STID[10:0]/EXID[28:18]	EXID[17:13]
r	r

15-3	2	1	0
EXID[12:0]	IDE	RTR	保留
r	r	r	res

位	描述
位 31:21	STID[10:0]/EXID[28:18]：标准标识符或扩展标识符（Standard identifier or extended identifier）。 依据 IDE 位的内容，这些位或是标准标识符，或是扩展身份标识的高字节
位 20:3	EXID[17:0]：扩展标识符（Extended identifier）。 扩展标识符的低字节
位 2	IDE：标识符选择（Identifier extension）。 该位决定接收邮箱中报文使用的标识符类型。 0：使用标准标识符； 1：使用扩展标识符
位 1	RTR：远程发送请求（Remote transmission request）。 0：数据帧； 1：远程帧
位 0	保留位

14. 接收 FIFO 邮箱数据长度和时间戳寄存器（CAN_RDTxR）（x =0,…,1）

31	30	29	28	27	26	25	24	23	22	21	20	19	18	17	16
TIME[15:0]															
r															

15	14	13	12	11	10	9	8	7	6	5	4	3	2	1	0
FMI[7:0]								保留				DLC[3:0]			
r								res				r			

位	描述
位 31:16	TIME[15:0]：报文时间戳（Message time stamp）。 该域包含了，在接收该报文 SOF 的时刻，16 位定时器的值
位 15:8	FMI[7:0]：过滤器匹配序号（Filter match index）。 这里是存在邮箱中的信息传送的过滤器序号
位 7:4	保留位，硬件强制为 0
位 3:0	DLC[3:0]：接收数据长度（Data length code）。 该域表明接收数据帧的数据长度（0～8）。对于远程帧请求，数据长度 DLC 恒为 0

15. 接收 FIFO 邮箱低字节数据寄存器(CAN_RDLxR)（x =0,…,1）

31	30	29	28	27	26	25	24	23	22	21	20	19	18	17	16
DATA3[7:0]								DATA2[7:0]							
rw								rw							

15	14	13	12	11	10	9	8	7	6	5	4	3	2	1	0
DATA1[7:0]								DATA0[7:0]							
rw								rw							

位	描述
位 31:24	DATA3[7:0]：数据字节 3(Data byte3)。 报文的数据字节 3
位 23:16	DATA2[7:0]：数据字节 2(Data byte 2)。 报文的数据字节 2
位 15:8	DATA1[7:0]：数据字节 1(Data byte 1)。 报文的数据字节 1
位 7:0	DATA0[7:0]：数据字节 0(Data byte 0)。 报文的数据字节 0。 报文包含 0 到 8 字节数据，且从字节 0 开始

16. 接收 FIFO 邮箱高字节数据寄存器（CAN_RDHxR）(x = 0, …, 1)

31–24	23–16
DATA7[7:0]	DATA6[7:0]
rw	rw

15–8	7–0
DATA5[7:0]	DATA4[7:0]
rw	rw

位	描述
位 31:24	DATA7[7:0]：数据字节 7(Data byte7)。 报文的数据字节 7
位 23:16	DATA6[7:0]：数据字节 6(Data byte 6)。 报文的数据字节 6
位 15:8	DATA5[7:0]：数据字节 5(Data byte 5)。 报文的数据字节 5
位 7:0	DATA4[7:0]：数据字节 4(Data byte 4)。 报文的数据字节 4

17. CAN 过滤器主控寄存器（CAN_FMR）

31–16
保留

15–14	13–8	7–1	0
保留	CAN2SB[5:0]	保留	FINIT
res	rw	res	rw

位	描述
位 31:14	保留位，强制为复位值
位 13:8	CAN2SB[5:0]：CAN2 开始组（CAN2 start bank）。 这些位由软件置‘1’、清‘0’。它们定义了 CAN2（从）接口的开始组，范围是 1～27。 注：这些位只出现在互联型产品中，其他产品中为保留位
位 7:1	保留位，强制为复位值
位 0	FINIT：过滤器初始化模式（Filter init mode）。 针对所有过滤器组的初始化模式设置。 0：过滤器组工作在正常模式； 1：过滤器组工作在初始化模式

18. CAN 过滤器模式寄存器（CAN_FM1R）

31–28	27	26	25	24	23	22	21	20	19	18	17	16
保留	FBM27	FBM26	FBM25	FBM24	FBM23	FBM22	FBM21	FBM20	FBM19	FBM18	FBM17	FBM16
	rw	rw	rw	rw	rw	rw	rw	rw	rw	rw	rw	rw

15	14	13	12	11	10	9	8	7	6	5	4	3	2	1	0
FBM15	FBM14	FBM13	FBM12	FBM11	FBM10	FBM9	FBM8	FBM7	FBM6	FBM5	FBM4	FBM3	FBM2	FBM1	FBM0
rw	rw	rw	rw	rw	rw	rw	rw	rw	rw	rw	rw	rw	rw	rw	rw

位 31:28	保留位，硬件强制为 0
位 27:0	FBMx：过滤器模式（Filter mode）。 过滤器组 x 的工作模式。 0：过滤器组 x 的 2 个 32 位寄存器工作在标识符屏蔽位模式； 1：过滤器组 x 的 2 个 32 位寄存器工作在标识符列表模式。 注：位 27:14 只出现在互联型产品中，其他产品为保留位

19. CAN 过滤器位宽寄存器（CAN_FS1R）

31	30	29	28	27	26	25	24	23	22	21	20	19	18	17	16
保留				FSC27	FSC26	FSC25	FSC24	FSC23	FSC22	FSC21	FSC20	FSC19	FSC18	FSC17	FSC16
				rw	rw	rw	rw	rw	rw	rw	rw	rw	rw	rw	rw

15	14	13	12	11	10	9	8	7	6	5	4	3	2	1	0
FSC15	FSC14	FSC13	FSC12	FSC11	FSC10	FSC9	FSC8	FSC7	FSC6	FSC5	FSC4	FSC3	FSC2	FSC1	FSC0
rw	rw	rw	rw	rw	rw	rw	rw	rw	rw	rw	rw	rw	rw	rw	rw

位 31:28	保留位，硬件强制为 0
位 27:0	FSCx：过滤器位宽设置（Filter scale configuration）。 过滤器组 x(13～0)的位宽。 0：过滤器位宽为 2 个 16 位； 1：过滤器位宽为单个 32 位。 注：位 27:14 只出现在互联型产品中，其他产品为保留位

20. CAN 过滤器 FIFO 关联寄存器（CAN_FFA1R）

31	30	29	28	27	26	25	24	23	22	21	20	19	18	17	16
保留				FFA27	FFA26	FFA25	FFA24	FFA23	FFA22	FFA21	FFA20	FFA19	FFA18	FFA17	FFA16
				rw	rw	rw	rw	rw	rw	rw	rw	rw	rw	rw	rw

15	14	13	12	11	10	9	8	7	6	5	4	3	2	1	0
FFA15	FFA14	FFA13	FFA12	FFA11	FFA10	FFA9	FFA8	FFA7	FFA6	FFA5	FFA4	FFA3	FFA2	FFA1	FFA0
rw	rw	rw	rw	rw	rw	rw	rw	rw	rw	rw	rw	rw	rw	rw	rw

位 31:28	保留位，硬件强制为 0
位 27:0	FFAx：过滤器位宽设置（Filter FIFO assignment for filter x）。 报文在通过了某过滤器的过滤后，将被存放到其关联的 FIFO 中。 0：过滤器被关联到 FIFO0； 1：过滤器被关联到 FIFO1。 注：位 27:14 只出现在互联型产品中，其他产品为保留位

21. CAN 过滤器激活寄存器（CAN_FA1R）

31	30	29	28	27	26	25	24	23	22	21	20	19	18	17	16
保留				FACT27	FACT26	FACT25	FACT24	FACT23	FACT22	FACT21	FACT20	FACT19	FACT18	FACT17	FACT16
				rw	rw	rw	rw	rw	rw	rw	rw	rw	rw	rw	rw

15	14	13	12	11	10	9	8	7	6	5	4	3	2	1	0
FACT15	FACT14	FACT13	FACT12	FACT11	FACT10	FACT9	FACT8	FACT7	FACT6	FACT5	FACT4	FACT3	FACT2	FACT1	FACT0
rw	rw	rw	rw	rw	rw	rw	rw	rw	rw	rw	rw	rw	rw	rw	rw

位 31:28	保留位，硬件强制为 0
位 27:0	FACTx：过滤器激活（Filter active）。 软件对某位设置‘1’来激活相应的过滤器。只有对 FACTx 位清‘0’，或对 CAN_FMR 寄存器的。FINIT 位设置‘1’后，才能修改相应的过滤器寄存器 x(CAN_FxR[0:1])。 0：过滤器被禁用； 1：过滤器被激活。 注：位 27:14 只出现在互联型产品中，其他产品为保留位

22. CAN 过滤器组 i 的寄存器 x(CAN_FiRx)

31	30	29	28	27	26	25	24	23	22	21	20	19	18	17	16
FB31	FB30	FB29	FB28	FB27	FB26	FB25	FB24	FB23	FB22	FB21	FB20	FB19	FB18	FB17	FB16
				rw	rw	rw	rw	rw	rw	rw	rw	rw	rw	rw	rw

15	14	13	12	11	10	9	8	7	6	5	4	3	2	1	0
FB15	FB14	FB13	FB12	FB11	FB10	FB9	FB8	FB7	FB6	FB5	FB4	FB3	FB2	FB1	FB0
rw	rw	rw	rw	rw	rw	rw	rw	rw	rw	rw	rw	rw	rw	rw	rw

位 31:0	FB[31:0]：过滤器位（Filter bits）。 标识符模式寄存器的每位对应于所期望的标识符的相应位的电平。 0：期望相应位为显性位； 1：期望相应位为隐性位。 屏蔽位模式寄存器的每位指示是否对应的标识符寄存器位一定要与期望的标识符的相应位一致。 0：不关心，该位不用于比较； 1：必须匹配，到来的标识符位必须与滤波器对应的标识符寄存器位相一致

14.4 范例程序

```
/ *************************************************************************
深圳信盈达嵌入式培训中心
************************************************************************ /
#include "stm32f10x.h"
#include "stm32lib.h"
#include "api.h"


u16 ADCData = 3000;
/ *************************************************************************
** 函数信息 :void CANInit(void)
** 功能描述 :CAN 初始化函数
** 输入参数 :无
** 输出参数 :无
** 调用提示 :
************************************************************************ /
```

```
void CANInit( void)
{
    GPIO_InitTypeDef            GPIO_InitStructure;
    CAN_InitTypeDef             CAN_InitStructure;
    CAN_FilterInitTypeDef       CAN_FilterInitStructure;
    NVIC_InitTypeDef            NVIC_InitStructure;

    //PB8,PB9 配置为 CAN BUS
    RCC_APB1PeriphClockCmd( RCC_APB1Periph_CAN1, ENABLE);
    RCC_APB2PeriphClockCmd( RCC_APB2Periph_AFIO, ENABLE);
    //PB8 - CAN RX
    GPIO_InitStructure. GPIO_Pin = GPIO_Pin_8;
    GPIO_InitStructure. GPIO_Mode = GPIO_Mode_IPU;
    GPIO_Init( GPIOB, &GPIO_InitStructure);
    //PB9 - CAN TX
    GPIO_InitStructure. GPIO_Pin = GPIO_Pin_9;
    GPIO_InitStructure. GPIO_Speed = GPIO_Speed_50MHz;
    GPIO_InitStructure. GPIO_Mode = GPIO_Mode_AF_PP;
    GPIO_Init( GPIOB, &GPIO_InitStructure);
    GPIO_PinRemapConfig( GPIO_Remap1_CAN1, ENABLE);    //端口重映射到 PD0,PD1

    /* CAN register init */
    CAN_DeInit( CAN1);
    CAN_StructInit( &CAN_InitStructure);

    /* CAN cell init */
    CAN_InitStructure. CAN_TTCM = ENABLE;    //时间触发
    CAN_InitStructure. CAN_ABOM = ENABLE;    //自动离线管理
    CAN_InitStructure. CAN_AWUM = ENABLE;    //自动唤醒
    CAN_InitStructure. CAN_NART = ENABLE;    //ENABLE:错误不自动重传   DISABLE:重传
    CAN_InitStructure. CAN_RFLM = DISABLE;
    CAN_InitStructure. CAN_TXFP = DISABLE;
    CAN_InitStructure. CAN_Mode = CAN_Mode_Normal;          //正常传输模式
    CAN_InitStructure. CAN_SJW = CAN_SJW_1tq;               //1 - 4
    CAN_InitStructure. CAN_BS1 = CAN_BS1_12tq;              //1 - 16
    CAN_InitStructure. CAN_BS2 = CAN_BS2_7tq;               //1 - 8
    CAN_InitStructure. CAN_Prescaler = 9;           //波特率为 36/(9 * (1 + 12 + 7)) = 200k
    CAN_Init( CAN1, &CAN_InitStructure);

    /* CAN 过滤器设置 */
    CAN_FilterInitStructure. CAN_FilterNumber = 0;
    CAN_FilterInitStructure. CAN_FilterMode = CAN_FilterMode_IdMask;
```

```
    CAN_FilterInitStructure. CAN_FilterScale = CAN_FilterScale_32bit;
    CAN_FilterInitStructure. CAN_FilterIdHigh = 0x0000;
    CAN_FilterInitStructure. CAN_FilterIdLow = 0x0000;
    CAN_FilterInitStructure. CAN_FilterMaskIdHigh = 0x0000;
    CAN_FilterInitStructure. CAN_FilterMaskIdLow = 0x0000;
    CAN_FilterInitStructure. CAN_FilterFIFOAssignment = CAN_FIFO0;
    CAN_FilterInitStructure. CAN_FilterActivation = ENABLE;
    CAN_FilterInit( &CAN_FilterInitStructure);

    /* 允许 FMP0 中断 */
    CAN_ITConfig( CAN1,CAN_IT_FMP0, ENABLE);

    NVIC_PriorityGroupConfig( NVIC_PriorityGroup_1);
    NVIC_InitStructure. NVIC_IRQChannel = USB_LP_CAN1_RX0_IRQn;
    NVIC_InitStructure. NVIC_IRQChannelPreemptionPriority = 0;
    NVIC_InitStructure. NVIC_IRQChannelSubPriority = 0;
    NVIC_InitStructure. NVIC_IRQChannelCmd = ENABLE;
    NVIC_Init( &NVIC_InitStructure);
}
/*************************************************************************
** 函数信息 :void USB_LP_CAN1_RX0_IRQHandler( void)
** 功能描述 :his function handles USB Low Priority or CAN RX0 interrupts
** 输入参数 :无
** 输出参数 :无
** 调用提示 :
*************************************************************************/
void USB_LP_CAN1_RX0_IRQHandler( void)
{
    CanRxMsg RxMessage;
    RxMessage. ExtId = 0;
    CAN_Receive( CAN1,CAN_FIFO0, &RxMessage);

    if( RxMessage. ExtId = = 0x01)
    {
        ADCData = RxMessage. Data[0] + ( RxMessage. Data[1] << 8);
    }
}


/*************************************************************************/
void Delay( u32 dly);
```

```
/***************************************************************************
** 函数信息 :int main (void)
** 功能描述 :开机后,ARMLED 闪动,CAN BUS 开始接收数据(在 CAN 中断中接收),并以接收
的数据作为 LED 灯闪烁频率的依据
** 输入参数 :
** 输出参数 :
** 调用提示 :
***************************************************************************/
int main(void)
{
    SystemInit();          //系统初始化,初始化系统时钟
    GPIOInit();            //GPIO 初始化,凡是实验用到的都要初始化
    CANInit();


    while(1)
    {
        GPIO_ResetBits(GPIOD, GPIO_Pin_2);           //PD2 输出低电平,点亮 LED
        Delay(ADCData);
        GPIO_SetBits(GPIOD, GPIO_Pin_2);             //PD2 输出高电平,熄灭 LED
        Delay(ADCData);
    }

}


/***************************************************************************
** 函数信息 :void Delay(u16 dly)
** 功能描述 :延时函数,大致为 0.01 毫秒
** 输入参数 :u32 dly:延时时间
** 输出参数 :无
** 调用提示 :无
***************************************************************************/
void Delay(u32 dly)
{
    u16  i;
    for(;dly>0;dly--)
        for (i=0;i<1000;i++);
}
```

第15章 协处理器DMA

15.1 DMA 简介

直接存储器存取（DMA）用来提供在外设和存储器之间，或者存储器和存储器之间的高速数据传输。无须 CPU 干预，数据可以通过 DMA 快速地移动，这节省了 CPU 的资源来做其他操作。两个 DMA 控制器有 12 个通道（DMA1 有 7 个通道，DMA2 有 5 个通道），每个通道专门用来管理来自一个或多个外设对存储器访问的请求。还有一个仲裁器来协调各个 DMA 请求的优先权。每个 DMA 流都可以为单个源和目的提供单向串行 DMA 传输。例如，一个双向端口就需要一个专门的发送流和一个专门的接收流。源和目标可以是一个存储区或外设。

15.2 DMA 控制器的功能特点

- 12 个独立的可配置的通道（请求）：DMA1 有 7 个通道，DMA2 有 5 个通道。
- 每个通道都直接连接专用的硬件 DMA 请求，每个通道都同样支持软件触发。这些功能通过软件来配置。
- 在同一个 DMA 模块上，多个请求间的优先权可以通过软件编程设置（共有四级：很高、高、中等和低），优先权设置相等时由硬件决定（请求 0 优先于请求 1，依此类推）。
- 独立数据源和目标数据区的传输宽度（字节、半字、全字），模拟打包和拆包的过程。源和目标地址必须按数据传输宽度对齐。
- 支持循环的缓冲器管理。
- 每个通道都有 3 个事件标志（DMA 半传输、DMA 传输完成和 DMA 传输出错），这 3 个事件标志逻辑或成为一个单独的中断请求。
- 存储器和存储器间的传输。
- 外设和存储器、存储器和外设之间的传输。
- 闪存、SRAM、外设的 SRAM、APB1、APB2 和 AHB 外设均可作为访问的源和目标。
- 可编程的数据传输数目：最大为 65535。

在发生一个事件后，外设向 DMA 控制器发送一个请求信号。DMA 控制器根据通道的优先权处理请求。当 DMA 控制器开始访问发出请求的外设时，DMA 控制器立即发送给它一个应答信号。当从 DMA 控制器得到应答信号时，外设立即释放它的请求。一旦外设释放了这个请求，DMA 控制器同时撤销应答信号。如果有更多的请求时，外设可以启动下一个周期。

总之，每次 DMA 传送由 3 个操作组成：

(1) 从外设数据寄存器，或者从当前外设/存储器地址寄存器指示的存储器地址取数据，第一次传输时的开始地址是 DMA_CPARx 或 DMA_CMARx 寄存器指定的外设基地址或存储器单元。

(2) 存数据到外设数据寄存器，或者当前外设/存储器地址寄存器指示的存储器地址，第一次传输时的开始地址是 DMA_CPARx 或 DMA_CMARx 寄存器指定的外设基地址或存储器单元。

(3) 执行一次 DMA_CNDTRx 寄存器的递减操作，该寄存器包含未完成的操作数目。

图 15.1 为功能框图。

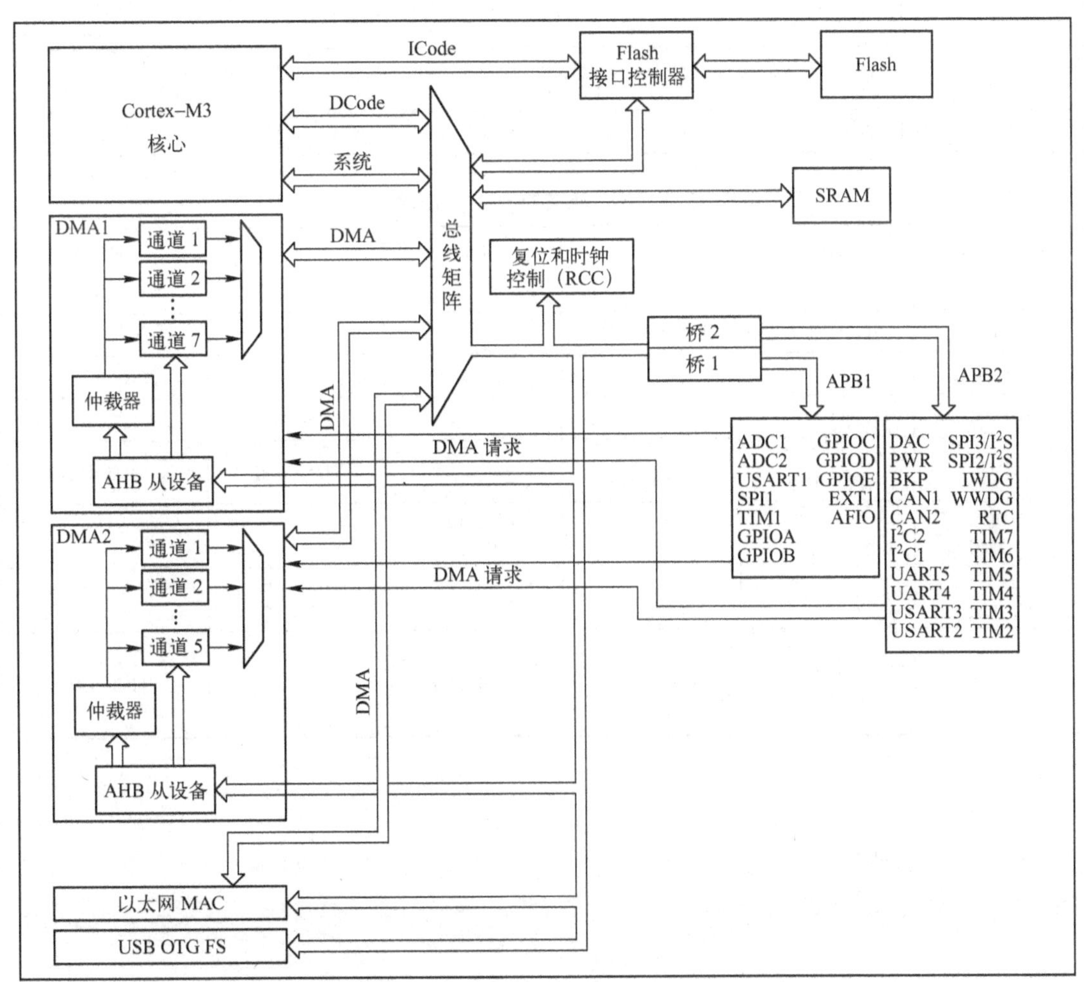

图 15.1　功能框图

15.3 DMA 相关控制模块

各个通道的 DMA1 和 DMA2 请求见表 15.1 和表 15.2。

表 15.1 各个通道的 DMA1 请求一览

外　设	通道 1	通道 2	通道 3	通道 4	通道 5	通道 6	通道 7
ADC1	ADC1						
SPI/I²S		SPI1_RX	SPI1_TX	SPI/I²S2_RX	SPI/I²S2_TX		
USART		USART3_TX	USART3_RX	USART1_TX	USART1_RX	USART2_RX	USART2_TX
I²C				I²C2_TX	I²C2_RX	I²C1_TX	I²C1_RX
TIM1		TIM1_CH1	TIM1_CH2	TIM1_TX4 TIM1_TRIG TIM1_COM	TIM1_UP	TIM1_CH3	
TIM2	TIM2_CH3	TIM2_UP			TIM2_CH1		TIM2_CH2 TIM2_CH4
TIM3		TIM3_CH3	TIM3_CH4 TIM3_UP			TIM3_CH1 TIM3_TRIG	
TIM4	TIM4_CH1			TIM4_CH2	TIM4_CH3		TIM4_UP

表 15.2 各个通道的 DMA2 请求一览

外　设	通道 1	通道 2	通道 3	通道 4	通道 5
ADC3(1)					ADC3
SPI/I²S3	SPI/I²S3_RX	SPI/I²S3_TX			
UART4			UART4_RX		UART4_TX
SDIO(1)				SDIO	
TIM5	TIM5_CH4 TIM5_TRIG	TIM5_CH3 TIM5_UP		TIM5_CH2	TIM5_CH1
TIM6/ DAC 通道 1			TIM6_UP/ DAC 通道 1		
TIM7/ DAC 通道 2				TIM7_UP/ DAC 通道 2	
TIM8(1)	TIM8_CH3 TIM8_UP	TIM8_CH4 TIM8_TRIG TIM8_COM	TIM8_CH1		TIM8_CH2

第16章 USB

16.1 USB 外设特点

- 符合 USB2.0 全速设备的技术规范；
- 可配置 1 ～ 8 个 USB 端点；
- CRC（循环冗余校验）生成/校验，反向不归零（NRZI）编码/解码和位填充；
- 支持同步传输；
- 支持批量/同步端点的双缓冲区机制；
- 支持 USB 挂起/恢复操作；
- 帧锁定时钟脉冲生成。

16.2 USB 硬件分析

USB 原理图如图 16.1 所示。

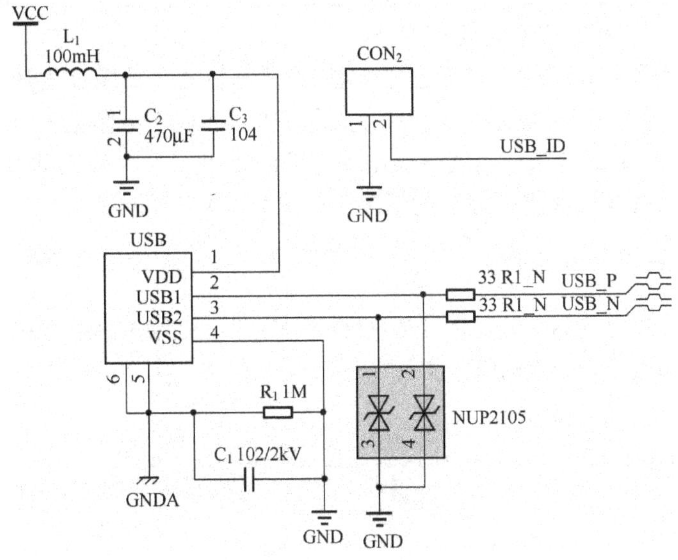

图 16.1　USB 原理图

1. SB_P 和 USB_N 两个网络的走线需要注意

(1) USB_P 和 USB_N 这两个网络的走线必须走差分等长线。

(2) 必须要做阻抗匹配，一般这两个网络上的阻抗为 33 ～ 66Ω（R1_P、R1_N），可以选取两个高精度的电阻，然后在线路上做阻抗匹配，或者直接让 PCB 加工厂做到这两根线阻抗匹配，但加工成本为增加。

(3) 一般这两根线的间距是线宽的 1.5 倍。

2. 电源后面接电感和电容的技巧

(1) 电感和后面两个电容的位置关系必须是电感更靠近电源。当突然上电时，由于 USB（从机端 U 盘里面的 CPU 要复位，这里假设 USB 复位是低电平或高电平复位）需要复位，在复位时，电感接在两电容的前面，电容能够输出一定的电压，这样能使 USB 正常复位，如果接在后面，电容放电会被电感延时，这样，USB 就很有可能得不到正常的复位电平，不能在规定的复位时间内复位和恢复，那么 USB 不能够正常工作。

(2) 在一些场合，电感可以用 3 ～ 5Ω 的电阻替代。

3. 接 EDS 的原因

EDS 能吸收在刚接通，或者在信号传输过程中的一些短时间的高频脉冲。

4. R1 和 C1 的作用

由于 5、6 脚是接 USB 外壳，外壳上可能出现很高的静电电压（如漏电），如果没有 R1、C1 所接的电路，GNDA 与 GND 连通，GND 上就会带有很高的电压，那么上面的信号就会在这个电压基础上通信。也就是说，USB 上的电压不只是 5V 左右的电压，如果静电电压有 1000V，那么 USB 引脚上都是在 1000V 这个电压基础上工作。当手碰到 USB 引脚时，引脚通过人体放电，这样就会轻易烧掉 USB。

(1) R1 的作用是，在短时间的出现上面情况下（静电、瞬间高电压），GNDA 和 GND 上的电压是不同的（因为 R1 电阻为 1MΩ，电压差基本都在该电阻上），这样，就会避免漏电的电压传输到 USB 上的地来，也就不会出现上面的结果了，即避免 USB 被烧毁。

(2) C1 的作用是在长期出现漏电的情况下，隔离 GNDA 和 GND。

5. USB_ID 是什么，怎样处理

有些 USB 有 USB_ID 引脚（图 16.1 中没有画出），主要用于判断 USB 的主/从。

当 USB_ID 引脚接 1：（DEVICE） USB 为从。

当 USB_ID 引脚接 0：（HOST） USB 为主。

有些 USB 还可以通过设定 USB_ID 设置成主/从（OTG） USB。

第17章

μC/OS-II 操作系统基础

17.1 为什么要用操作系统

在嵌入式开发领域，很多时候我们需要 MCU 做的工作并不复杂。所以，我们通常选取的控制方式是：MCU 启动后，先做各种硬件初始化，然后进入一个无限循环，用中断处理紧急事件，这就是所谓的裸机操作。这种控制方式，在处理控制逻辑不是很复杂的应用场合完全能胜任。但是，如果整个控制系统的控制逻辑较复杂，要处理的任务很多，并且任务间关系较复杂，我们就很难弄清他们之间的关系了。这个时候我们就要借助操作系统。

操作系统在控制系统中起到承上启下的作用，如图 17.1 所示。应用程序通过 API 调用实现相应的功能，而最终的功能需要操作系统通过驱动程序访问硬件来实现。

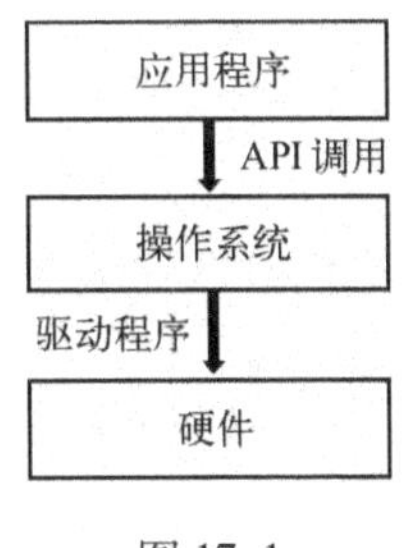

图 17.1

使用操作系统的好处：

（1）支持多任务，任务间通过同步机制通信，实现更复杂的功能。

（2）屏蔽硬件，使应用程序不依赖于硬件，应用程序可移植性更强。

（3）分工协作，应用程序编写、系统移植、驱动程序编写由相应的工程师完成。各个工程师独立完成自己负责的部分，相互协调，最终完成一个大型的工程。

17.2 初识 μC/OS - II

μC/OS - II（Micro Control Operation System Two）是一个可以基于 ROM 运行的、可裁减的、抢占式、实时多任务内核，具有高度可移植性，特别适合微处理器和控制器，是和很多商业操作系统性能相当的实时操作系统（RTOS）。为了提供最好的移植性能，μC/OS - II 最大程度上使用 ANSI C 语言进行开发，并且已经移植到近 40 多种处理器体系上，涵盖了 8 ～ 64 位的各种 CPU（包括 DSP）。μC/OS－II 可以简单地看作一个多任务调度器，在这个任务调度器之上完善并添加了和多任务操作系统相关的系统服务，如信号量、邮箱等。其主要特点有公开源代码，代码结构清晰、明了，注释详尽，组织有条理，可移植性好，可裁剪，可固化。内核属于抢占式，最多可以管理 256 个任务。从 1992 年开始，由于高度可靠性、移植性和安全性，μC/OS－II 已经广泛使用在从照相机到航空电子产品的各种应用中。

μC/OS－II 实时多任务操作系统内核。它被广泛应用于微处理器、微控制器和数字信号处理器。μC/OS－II 的前身是 μC/OS，最早出自于 1992 年美国嵌入式系统专家 Jean J. Labrosse 在《嵌入式系统编程》杂志的 5 月和 6 月刊上刊登的文章连载，并把 μC/OS 的源码发布在该杂志的 BBS 上。

17.3 μC/OS－II 基础知识

17.3.1 任务的概念

在日常生活中，处理一个大而复杂的问题时，我们通常采取将一个大的问题分解成几个简单的小问题，小问题解决了，大的问题也就解决了。在嵌入式控制系统开发中，我们也将一个大的任务分解成多个小任务，通过运行这些小任务，最终达到完成大任务的目的。这种方法可以使系统并发地运行多个任务，从而提高处理器的利用率，加快程序的执行速度。

在 μC/OS－II 中，也采用上面的“以大化小，分而治之”的处理方式。μC/OS－II 将以上小任务对应的程序叫作“任务”，μC/OS－II 的工作就是对任务进行管理和调度的多任务操作系统。

17.3.2 任务的状态

μC/OS－II 系统只支持单 CPU，因此，在一个任务占用 CPU 而处于运行状态的时候，别的任务只能处于其他状态。根据具体的情况，μC/OS－II 中任务可能的状态一共有 5 种，参见表 17.1。

表 17.1 μC/OS－II 任务的 5 种状态

任务状态	说明
休眠状态	任务只以代码的形式驻留在程序空间中，还没有交给操作系统管理时的情况叫作休眠状态
就绪状态	系统为任务分配了任务控制块且在任务就绪表中做了登记，这时任务的状态叫作就绪状态
运行状态	调度器将 CPU 的使用权分配给任务，任务就进入了运行状态，任何时候只有一个任务处于运行状态
等待状态	当任务由于延时或需要等待一个事情发生，把 CPU 的使用权交给其他任务就会进入等待状态
中断服务状态	系统会由于响应中断而从正在执行的任务中切换到中断服务程序，这个时候任务的状态叫作中断服务状态

一个任务可以在以上五种状态间转换，转换图如图 17.2 所示。

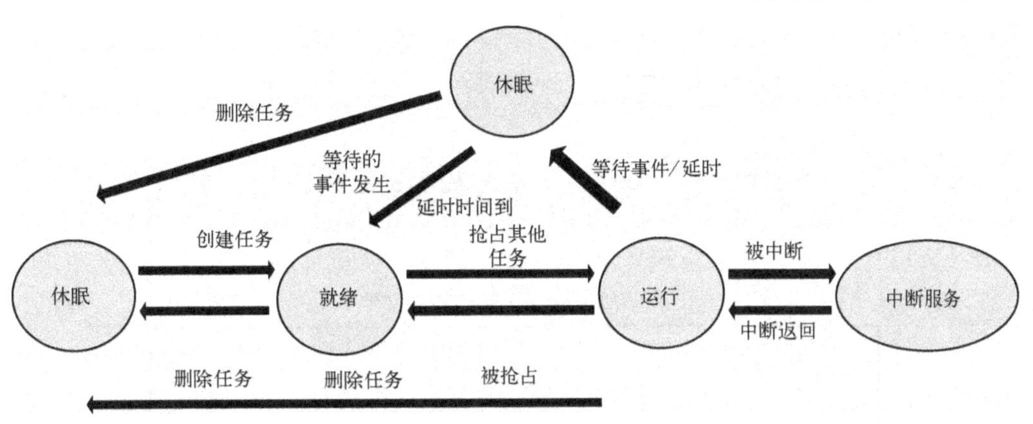

图 17.2　任务的五种状态间转换

17.3.3　系统调度和任务切换

在 μC/OS－II 中，每个任务都有一个唯一的优先级，系统调度以任务的优先级作为基本原则。每个时钟节拍或调用某些 API 函数就会产生系统调度。如果产生系统调度的时候有更高优先级的任务就绪就会产生任务切换。

17.3.4　任务的分类

μC/OS－II 中任务分为用户任务和系统任务两类。

由程序员编写的任务叫用户任务。由系统提供的叫系统任务。在 μC/OS－II 中系统任务有两个：空闲任务和统计任务。

空闲任务由系统自己创建的。空闲任务的作用是：当所有的用户任务都休眠后，CPU 切换到空闲任务执行。空闲任务的优先级最低，任何一个用户任务就绪后一旦发生系统调度就会把 CPU 切换到已就绪的最高优先级的用户任务中执行。

统计任务是可选的，它的作用是统计 CPU 的使用率。如果要使用统计任务，必须在第一个被建立并运行的任务中调用 OSStatInit( ) 函数。统计任务一旦被创建，就可以通过获取系统自动维护的全局变量 OSCPUUsage 得到 CPU 的使用权。

17.3.5　任务间同步与通信

应用程序中各个任务间相互配合才能完成一项大型的工作。因此任务间交换信息就显得尤为重要。μC/OS－II 通过信号量、消息邮箱、消息队列、互斥信号量和事件标志组这些中间环节来实现任务间通信。这些中间环节统称为事件。

17.4　μC/OS－II 移植

对于主流的 MCU，Micrium 官方已经做好 μC/OS－II 移植支持，并且支持主流的 Keil、IAR 等编译器。如果需要移植 μC/OS－II 到项目工程中，只需在其官网找到对应的版本，下载即可。Micrium 官网：http://micrium.com。

17.5 μC/OS-II 系统源码

17.5.1 uc/OS 系统核心文件 （跟硬件无关）

uc/OS 常用系统核心文件见表 17.2。

表 17.2 uc/OS 系统核心文件

文　件	说　明
os_core. c	系统核心文件
os_flag. c	任务通信：事件标志组支持文件
os_mbox. c	消息邮箱
os_mem. c	内存管理：实现内存动态分配，以及释放功能
os_mutex. c	任务通信：互斥信号支持
os_q. c	任务通信：消息队列支持
os_sem. c	任务通信：计数信号量支持
os_task. c	任务管理：任务管理支持
os_time. c	任务的延时、唤醒支持文件
os_tmr. c	软件定时器

17.5.2 和 CPU 相关的文件

os_cpu_c. c 和 os_cpu_a. s 这两个文件就是移植时候需要修改的文件，每个平台下都不同，通过修改这些文件可以让 uc/OS 运行在各种平台上。

17.5.3 头文件组成

所有的包含文件都存在在 includes. h，该文件包含核心的 3 个文件：

```
#include    "os_cpu. h"     //cpu 相关的头文件
#include    "os_cfg. h"     //μC/OS-II 系统配置 8 文件(系统裁剪)
#include    "ucos_ii. h"    //μC/OS-II 中所有可用 API 函数声明文件
```

17.6 μC/OS-II 裁剪

虽然大多数时候我们不需要做 μC/OS-II 移植工作，但是由于项目的不同，我们对 μC/OS-II 的需求也不同。为了让 μC/OS-II 既能满足工程实际需求而又不至于太臃肿，我们需要对 μC/OS-II 进行裁剪，以此来节省 RAM 和 ROM 空间。例如，如果项目工程中只需要创建 5 个任务，我们就可以将 OS_MAX_TASKS 设为 5。

对 μC/OS-II 的系统裁剪，我只需要改变 os_cfg. h 中相关宏定义即可。下面将对几个重要的宏定义进行详细描述。系统裁剪更详细的内容请参考源文件 os_cfg. h。

OS_MAX_EVENTS

OS_MAX_EVENTS 定义系统中最大的事件控制块的数量。系统中的每一个消息邮箱、消息队列、信号量都需要一个事件控制块。例如，系统中有 10 个消息邮箱，5 个消息队列，3 个信号量，则 OS_MAX_EVENTS 最小应该为 18。只要程序中用到了消息邮箱，消息队列或信号量，则 OS_MAX_EVENTS 最小应该设置为 2。

OS_MAX_MEM_PARTS

OS_MAX_MEM_PARTS 定义系统中最大的内存块数，内存块将由内存管理函数操作（定义在文件 OS_MEM. C 中）。如果要使用内存块，OS_MAX_MEM_PARTS 最小应该设置为 2，常量 OS_MEM_EN 也要同时置 1。

OS_MAX_QS

OS_MAX_QS 定义系统中最大的消息队列数。要使用消息队列，常量 OS_Q_EN 也要同时置 1。如果要使用消息队列，OS_MAX_ QS 最小应该设置为 2。

OS_MAX_TASKS

OS_MAX_TASKS 定义用户程序中最大的任务数。OS_MAX_TASKS 不能大于 62，这是由于 μC/OS – II 保留了两个系统使用的任务。如果设定 OS_MAX_TASKS 刚好等于所需任务数，则建立新任务时要注意检查是否超过限定。而 OS_MAX_TASKS 设定的太大则会浪费内存。

OS_LOWEST_PRIO

OS_LOWEST_PRIO 设定系统中的任务最低优先级（最大优先级数）。设定 OS_LOWEST_PRIO 可以节省用于任务控制块的内存。μC/OS – II 中优先级数从 0（最高优先级）到 255（最低优先级）。设定 OS_LOWEST_PRIO 小于 63 意味着不会建立优先级数大于 OS_LOWEST_PRIO 的任务。μC/OS – II 中保留两个优先级系统自用：OS_LOWEST_PRIO 和 OS_LOWEST_PRIO – 1。其中 OS_LOWEST_PRIO 留给系统的空闲任务：Idle task 和 OSTaskIdle( )；OS_LOWEST_PRIO – 1 留给统计任务：OSTaskStat( )。用户任务的优先级可以从 0 到 OS_LOWEST_PRIO – 2。OS_LOWEST_PRIO 和 OS_MAX_TASKS 之间没有什么关系。例如，可以设 OS_MAX_TASKS 为 10，而 OS_LOWEST_PRIO 为 32。此时系统最多可有 10 个任务，用户任务的优先级可以是 0 到 30。当然，OS_LOWEST_PRIO 设定的优先级也要够用，例如设 OS_MAX_TASKS 为 20，而 OS_LOWEST_PRIO 为 10，优先级就不够用了。

OS_TASK_IDLE_STK_SIZE

OS_TASK_IDLE_STK_SIZE 设置 μC/OS – II 中空闲任务（Idle task）堆栈的容量。注意堆栈容量的单位不是字节，而是 OS_STK（μC/OS – II 中堆栈统一用 OS_STK 声明，根据不同的硬件环境，OS_STK 可为不同的长度）。空闲任务堆栈的容量取决于所使用的处理器，以及预期的最大中断嵌套数。虽然空闲任务几乎不做什么工作，但还是要预留足够的堆栈空间保存 CPU 寄存器的内容，以及可能出现的中断嵌套情况。

OS_TASK_STAT_EN

OS_TASK_STAT_EN 设定系统是否使用 μC/OS－II 中的统计任务（Statistic Task），以及其初始化函数。如果设为 1，则使用统计任务 OSTaskStat()。统计任务每秒运行一次，计算当前系统 CPU 使用率，结果保存在 8 位变量 OSCPUUsage 中。每次运行，OSTaskStat()都将调用 OSTaskStatHook()函数，用户自定义的统计功能可以放在这个函数中。详细情况请参考 OS_CORE. C 文件。统计任务 OSTaskStat()的优先级总是设为 OS_LOWEST_PRIO－1。

当 OS_TASK_STAT_EN 设为 0 的时候，全局变量 OSCPUUsage、OSIdleCtrMax、OSIdleCtrRun 和 OSStatRdy 都不声明，以节省内存空间。

OS_TASK_STAT_STK_SIZE

OS_TASK_STAT_STK_SIZE 设置 μC/OS－II 中统计任务（Statistic Task）堆栈的容量。注意单位不是字节，而是 OS_STK（μC/OS－II 中堆栈统一用 OS_STK 声明，根据不同的硬件环境，OS_STK 可为不同的长度）。统计任务堆栈的容量取决于所使用的处理器类型，以及以下的操作：

- 进行 32 位算术运算所需的堆栈空间；
- 调用 OSTimeDly()所需的堆栈空间；
- 调用 OSTaskStatHook()所需的堆栈空间；
- 预计最大的中断嵌套数。

如果想在统计任务中进行堆栈检查，判断实际的堆栈使用，用户需要设 OS_TASK_CREATE_EXT_EN 为 1，并使用 OSTaskCreateExt()函数建立任务。

OS_CPU_HOOKS_EN

此常量设定是否在文件 OS_CPU_C. C 中声明对外接口函数（Hook Function），设置为“1”，即声明。μC/OS－II 中提供了 5 个对外接口函数，可以在文件 OS_CPU_C. C 中声明，也可以在用户自己的代码中声明：

- OSTaskCreateHook()；
- OSTaskDelHook()；
- OSTaskStatHook()；
- OSTaskSwHook()；
- VOSTimeTickHook()。

OS_MBOX_EN

OS_MBOX_EN 控制是否使用 μC/OS－II 中的消息邮箱函数及其相关数据结构，设置为“1”，即使用。如果不使用，则关闭此常量节省内存。

```
OS_MEM_EN
```

OS_MEM_EN 控制是否使用 μC/OS－II 中的内存块管理函数及其相关数据结构，设置为“1”，即使用。如果不使用，则关闭此常量节省内存。

```
OS_Q_EN
```

OS_Q_EN 控制是否使用 μC/OS－II 中的消息队列函数及其相关数据结构，设置为“1”，即使用。如果不使用，则关闭此常量节省内存。如果 OS_Q_EN 设置为“0”，则语句#define constant OS_MAX_QS 无效。

```
OS_SEM_EN
```

OS_SEM_EN 控制是否使用 μC/OS－II 中的信号量管理函数及其相关数据结构，设置为“1”，即使用。如果不使用，则关闭此常量节省内存。

```
OS_TASK_CHANGE_PRIO_EN
```

此常量控制是否使用 μC/OS－II 中的 OSTaskChangePrio( ) 函数，设置为“1”，即使用。如果在应用程序中不需要改变运行任务的优先级，则将此常量设置为“0”，可以节省内存。

```
OS_TASK_CREATE_EN
```

此常量控制是否使用 μC/OS－II 中的 OSTaskCreate( ) 函数，设置为“1”，即使用。在 μC/OS－II 中推荐用户使用 OSTaskCreateExt( ) 函数建立任务。如果不使用 OSTaskCreate( ) 函数，将 OS_TASK_CREATE_EN 设置为“0”，可以节省内存。注意 OS_TASK_CREATE_EN 和 OS_TASK_CREATE_EXT_EN 至少有一个要为“1”，当然如果都使用也可以。

```
OS_TASK_CREATE_EXT_EN
```

此常量控制是否使用 μC/OS－II 中的 OSTaskCreateExt( ) 函数，设置为“1”，即使用。该函数为扩展的功能更全的任务建立函数。如果不使用该函数，将 OS_TASK_CREATE_EXT_EN 设置为“0”，可以节省内存。注意，如果要使用堆栈检查函数 OSTaskStkChk( )，则必须用 OSTaskCreateExt( ) 建立任务。

```
OS_TASK_DEL_EN
```

此常量控制是否使用 μC/OS－II 中的 OSTaskDel( ) 函数，设置为“1”，即使用。如果在应用程序中不使用删除任务函数，将 OS_TASK_DEL_EN 设置为“0”，可以节省内存。

```
OS_TASK_SUSPEND_EN
```

此常量控制是否使用 μC/OS - II 中的 OSTaskSuspend()和 OSTaskResume()函数，设置为“1”，即使用。如果在应用程序中不使用任务挂起 - 唤醒函数，将 OS_TASK_SUSPEND_EN 设置为“0”，可以节省内存。

```
OS_TICKS_PER_SEC
```

此常量标识调用 OSTimeTick()函数的频率。用户需要在自己的初始化程序中保证 OSTimeTick()按所设定的频率调用（系统硬件定时器中断发生的频率）。在函数 OSStatInit()，OSTaskStat()和 OSTimeDlyHMSM()中都会用到 OS_TICKS_PER_SEC。

第18章 μC/OS-II 应用

本章介绍 μC/OS－II 常用 API 函数（基于 μC/OS v2.91）及其应用。由于篇幅有限，这里不对 API 函数原型做详细解释，函数原型详细介绍见《μC/OS－II_2.92 API 函数详解》（请联系信盈达电子有限公司索取，网址：www.edu118.com）。

工程模板范例：

```
int main(void)
{
    INT8Usta;
    …                                               //各种硬件初始化
    OSInit();                                       //ucos 初始化
    systick_irq_init(1000/OS_TICKS_PER_SEC);        //ucos 时钟节拍设置
    //至少创建一个任务
    sta = OSTaskCreate(start_task, NULL, &START_STK[START_STK_LEN - 1], START_STK_
PRIO);
    while(sta!=OS_ERR_NONE)                         //任务创建失败处理
    {
        printf("os creat err = %d",sta);
    }
    OSStart();                                      //开启系统调度
    //下面写的任何代码都不会执行
}
```

以上示例中，OSInit()的作用是初始化 μC/OS－II 内核相关函数，此函数必须是第一个被调用的 μC/OS API 函数。OSTaskCreate()的作用是创建一个任务，在这里必须至少创建一个任务。OSStart()的作用是开启系统调度，主程序中调用此函数后，接下来的任何代码都不会执行，CPU 的运行交由 μC/OS 管理。

18.1 任务管理

μC/OS－II 的任务函数看起来与任何普通 C 函数一样，具有一个返回类型和一个参数，只是它从不返回。任务的返回类型必须被定义成 void 型。

■ 相关的 API 函数：

- OSStatInit( ) 统计任务初始化。
- OSTaskChangePrio( )改变一个任务的优先级。
- OSTaskCreate( )创建任务。
- OSTaskCreateExt( )创建扩展任务。
- OSTaskDel( )删除任务。
- OSTaskDelReq( )请求一个任务删除其他任务或自身。
- OSTaskNameGet( )获取任务名称。
- OSTaskNameSet( )设置任务名称。
- OSTaskResume( )唤醒一个用 OSTaskSuspend( )函数挂起的任务。
- OSTaskStkChk( )检查任务堆栈状态。
- OSTaskSuspend( )无条件挂起一个任务。
- OSTaskQuery( )获取任务信息。

18.2 时间管理

μC/OS－II（其他内核也一样）要求用户提供定时中断来实现延时与超时控制等功能。这个定时中断叫作时钟节拍，它应该每秒发生 10 至 100 次。时钟节拍的实际频率是由用户的应用程序决定的。时钟节拍的频率越高，系统的负荷就越重。

■ 相关的 API 函数：

- OSTimeDly( )任务延时函数（时钟节拍数）。
- OSTimeDlyHMSM( )将一个任务延时若干时间（设定时、分、秒、毫秒）。
- OSTimeDlyResume( )唤醒一个用 OSTimeDly( )或 OSTimeDlyHMSM( )函数的任务（优先级）。
- OSTimeGet( )获取当前系统时钟数值。
- OSTimeSet( )设置当前系统时钟数值。

18.3 任务间通信

18.3.1 信号量

信号量用于对共享资源的访问。信号量标志了共享资源的有效可被访问数量，要获得共享资源的访问权，首先必须得到信号量这把钥匙。使用信号量管理共享资源，请求访问资源就演变为请求信号量了。资源是具体的现实的东西，把它数字化后，操作系统就能够管理这些资源，这就是信号量的理论意义。

在 μC/OS－II 信号量中，信号量的取值范围是 16 位的二进制整数，范围是十进制的 0～65535。或者其他长度，如 8 位、32 位。信号量的作用如下：

允许一个任务和其他任务或中断同步；

取得设备的使用权；

标志事件的发生。

相关的 API 函数：

OSSemAccept( )无等待请求一个信号量。

OSSemCreate( )建立并初始化一个信号量；第 1 个使用函数。

OSSemDel( )删除一个信号量。

OSSemPend( )挂起任务等待一个信号量；第 2 个使用函数。

OSSemPendAbort( )放弃任务中信号量的等待。

OSSemPost( )发出一个信号量函数；第 3 个使用函数。

OSSemQuery( )查询一个信号量的相关信息。

OSSemSet( )用于改变当前信号量的计数值。

程序范例：

```
//使用信号量之前先要创建一个信号量
OS_EVENT *OS_EVENT_SEM;
OS_EVENT_SEM = OSSemCreate(0);    //创建一个信号量,μC/OS 会帮忙申请一个事件控制块
if(OS_EVENT_SEM == NULL)
{
    LED4 =0;
}
//*****************************************************************
//发送信号量——让信号量的值自加
while(1)
{
    key = key_scanf(0);
    if(key != NO_KEY)
    {
        OSTaskResume(BEEP_STK_PRIO);
        OSSemPost(OS_EVENT_SEM);
    }
        OSTimeDly(2);
}
//*****************************************************************
//获取信号量
while(1)
{
    OSSemPend(OS_EVENT_SEM,0,&err);
    if(err == OS_ERR_NONE)
    {
        LED2 = ! LED2;
        OSTimeDly(100);
    }
}
```

18.3.2 消息邮箱

邮箱顾名思义就是用于通信，日常生活中邮箱中的内容一般是信件。在操作系统中也是通过邮箱来管理任务间的通信与同步，但是必须注意的是，系统中的邮箱中的内容并不是信件本身，而是指向消息内容的地址！这个指针是 void 类型的，可以指向任何类型的数据结构。因此，邮箱所发送的信息范围更宽，可以容纳下任何长度的数据。

相关的 API 函数：

OSMboxAccept( )无等待查看消息邮箱是否收到消息。

OSMboxCreate( )建立并初始化一个消息邮箱。

OSMboxDel( )删除消息邮箱。

OSMboxPendAbort( )中止任务中消息邮箱的等待。

OSMboxPend( )挂起任务等待一个消息。

OSMboxPost( )向邮箱发送一则消息。

OSMboxPostOpt( )按照规则向邮箱发送一则消息。

OSMboxQuery( )获取一个消息邮箱的相关信息。

```
//使用消息邮箱之前先要创建一个消息邮箱
OS_EVENT *OS_EVENT_Mbox;
OS_EVENT_Mbox = OSMboxCreate(NULL);        //创建一个消息邮箱
if(OS_EVENT_Mbox == NULL)
{
    LED4 = 0;
}
//*****************************************************************
//往消息邮箱中写入消息
void key_task(void *pdata)
{
    const u8 KEY_[] = {KEY1_OK,KEY2_OK,KEY3_OK,KEY4_OK};
    u8 key,key1,err;
    pdata = pdata;
    while(1)
    {
        key = key_scanf();
        if(key != NO_KEY)
        {
            OSTaskResume(BEEP_TASK_PRIO);
            key1 = key;
            OSMboxPost(OS_EVENT_Mbox,(void *)&key1);
        }
        OSTimeDly(2);
    }
```

```
}
//****************************************************************
//从消息邮箱中取消息
while(1)
{
    pkey = (u8 *)OSMboxPend(OS_EVENT_Mbox,0,&err);
    if(err == OS_ERR_NONE)
    {
        switch( *pkey)
        {
            case KEY1_OK:LED1 = 0; OSTimeDly(100);LED1 = 1; OSTimeDly(100);break;
            case KEY2_OK:LED2 = 0; OSTimeDly(100);LED2 = 1; OSTimeDly(100);break;
            case KEY3_OK:LED3 = 0; OSTimeDly(100);LED3 = 1; OSTimeDly(100);break;
            default : break;
        }
    }
}
```

18.3.3 消息队列

消息队列也是用于给任务发消息，但是它是由多个消息邮箱组合而成的，是消息邮箱的集合，实质上是消息邮箱的队列。一个消息邮箱只能容纳一条消息，采用消息队列，一是可以容纳多条消息，二是消息是排列有序的。

相关的 API 函数：

OSQAccept()检查消息队列中是否已经有需要的消息。

OSQCreate()建立一个消息队列。

OSQDel()删除一个消息队列。

OSQFlush()清空消息队列。

OSQPend()挂起任务等待消息队列中的消息。

OSQPendAbort()放弃任务中消息队列的等待。

OSQPost()向消息队列发送一则消息 FIFO。

OSQPostFront()向消息队列发送一则消息 LIFO。

OSQPostOpt()向消息队列发送一则消息 LIFO。

OSQQuery()获取一个消息队列的相关信息。

```
//创建要给消息队列
#define OS_Q_BUF_LEN     5
u8 *OS_Q_BUF[OS_Q_BUF_LEN];
OS_EVENT *OS_EVENT_Q;
OS_EVENT_Q = OSQCreate((void *)OS_Q_BUF,OS_Q_BUF_LEN);      //创建一个消息队列
if(OS_EVENT_Q == NULL)
```

第18章

```
    {
        LED4 = 0;
    }
//**********************************************************************
//往消息队列中写入消息
while(1)
{
    key = key_scanf();
    if(key != NO_KEY)
    {
        OSTaskResume(BEEP_TASK_PRIO);
        switch(key)
        {
            case KEY1_OK:OSQPost(OS_EVENT_Q,(void *)&KEY_[0]);break;
            case KEY2_OK:OSQPost(OS_EVENT_Q,(void *)&KEY_[1]);break;
            case KEY3_OK:OSQPost(OS_EVENT_Q,(void *)&KEY_[2]);break;
            case KEY4_OK:OSQPost(OS_EVENT_Q,(void *)&KEY_[3]);break;
        }
    }
    OSTimeDly(1);
}
//**********************************************************************
//从消息队列中取消息
while(1)
{
    pkey = (u8 *)OSQPend(OS_EVENT_Q,0,&err);
    if(err == OS_ERR_NONE)
    {
        switch( *pkey)
        {
            case KEY1_OK:LED1 = 0; OSTimeDly(100);LED1 = 1; OSTimeDly(100);break;
            case KEY2_OK:LED2 = 0; OSTimeDly(100);LED2 = 1; OSTimeDly(100);break;
            case KEY3_OK:LED3 = 0; OSTimeDly(100);LED3 = 1; OSTimeDly(100);break;
            default : break;
        }
    }
}
```

18.3.4 互斥型信号量

互斥型信号量用于处理共享资源；由于终端硬件平台的某些实现特性，例如单片机管脚的复用，多个任务需要对硬件资源进行独占式访问。所谓独占式访问，指在任意时刻只能有一个任务访问和控制某个资源，而且必须等到该任务访问完成后释放该资源，其他任务才能对此资源进行访问。

操作系统进行任务切换时，可能被切换的低优先级任务正在对某个共享资源进行独占式访问，而任务切换后运行的高优先级任务需要使用此共享资源，此时会出现优先级反转的问题。即高优先级的任务需要等待低优先级的任务继续运行直到释放该共享资源，高优先级的任务才可以获得共享资源继续运行。

可以在应用程序中利用互斥型信号量（mutex）解决优先级反转问题。互斥型信号量是二值信号量。由于 μC/OS－II 不支持多任务处于同一优先级，可以把占有 mutex 的低优先级任务的优先级提高到略高于等待 mutex 的高优先级任务的优先级。等到低优先级任务使用完共享资源后，调用 OSMutexPost( )，将低优先级任务的优先级恢复到原来的水平。

优先级反转问题发生于高优先级的任务需要使用某共享资源，而该资源已被一个低优先级的任务占用的情况。为了降解优先级反转，内核将低优先级任务的优先级提升到高于高优先级任务的优先级，直到低优先级的任务使用完占用的共享资源。优先级继承优先级 PIP，设置为略高于最高优先级任务的优先级。

相关的 API 函数：

OSMutexAccept( )无等待地获取互斥型信号量。

OSMutexCreate( )建立并初始化一个互斥型信号量。

OSMutexDel( )删除一个互斥型信号量。

OSMutexPend( )阻塞任务等待一个互斥型信号量。

OSMutexPost( )释放一个互斥型信号量。

OSMutexQuery( )获取一个互斥型信号量的相关信息。

注意：所有服务只能用于任务与任务之间，不能用于任务与中断服务子程序之间。

```
//创建一个互斥信号量
OS_EVENT *KEY_KED_Mutex;
KEY_KED_Mutex = OSMutexCreate(5,&err);
//*****************************************************************
//使用互斥信号量
void key_task(void *pdata)
{
    u8 err,i;
    pdata = pdata;
    while(1)
    {
        OSMutexPend(KEY_KED_Mutex, 0, &err);        //获取互斥信号量
        for(i =0;i <5;i ++)
        {
            LED2 =0;
            OSTimeDly(50);
            LED2 =1;
            OSTimeDly(50);
```

```
            }
            OSMutexPost(KEY_KED_Mutex);                    //释放互斥信号量
        }
    }
```

18.3.5 事件标志组

在信号量和互斥信号量的管理中，任务请求资源，如果资源未被占用就继续需运行，否则只能阻塞，等待资源释放事件的发生。这种事件是单一的事件，如果任务要等待多个事件的发生，或者多个事件中某一个事件的发生就可以继续运行，那么就应该采用事件标志组管理。事件标志组管理的条件组合可以是多个事件都发生（与关系），也可以是多个事件中有任何一个事件发生（或关系）。

事件标志组由两部分组成：一是保存各事件状态的标志位；二是等待这些标志位置位或清除的任务列表。可以用 8 位、16 位或 32 位的序列表示事件标志组，每一位表示一个事件的发生。要使系统支持事件标志组功能，需要在 OS_CFG. H 文件中打开 OS_FLAG_EN 选项。

相关的 API 函数：

OSFlagAccept( )无等待检查事件标志组的状态。

OSFlagCreate( )建立一个事件标志组。

OSFlagDel( )删除一个事件标志组。

OSFlagPend( )挂起任务等待事件标志组的事件标志位。

OSFlagPost( )置位或清 0 事件标志组中的标志位。

OSFlagQuery( )获取一组事件标志的当前值。

OSFlagNameGet( )获取事件标志组名称。

OSFlagNameSet( )设置事件标志组名称。

OSFlagPendGetFlagsRdy( )获取使任务就绪的标志。

```
//创建事件标志组
OS_FLAG_GRP * FLAG_GROUP1;
FLAG_GROUP1 = OSFlagCreate(0xffff,&err);
if(FLAG_GROUP1 == NULL)
{
    LED4 =0;
}
// **********************************************************************
//设置事件标志组
while(1)
{
    key = key_scanf(0);
    if(key!= NO_KEY)
    {
```

```
        switch(key)
            {
                case KEY1_OK: OSFlagPost(FLAG_GROUP1,0x01 < <1,OS_FLAG_CLR,&err);
break;
                case KEY2_OK: OSFlagPost(FLAG_GROUP1,0x01 < <2,OS_FLAG_CLR,&err);
break;
                case KEY3_OK: OSFlagPost(FLAG_GROUP1,0x01 < <3,OS_FLAG_CLR,&err);
break;
                case KEY4_OK: OSFlagPost(FLAG_GROUP1,0x01 < <4,OS_FLAG_CLR,&err);
break;
            }
        }
        OSTimeDly(2);
}
//****************************************************************
//获取事件标志组标志
while(1)
{
    OSFlagPend(FLAG_GROUP1,0x03 < <1,OS_FLAG_WAIT_CLR_ALL | OS_FLAG_CONSUME,
0,&err);
    if(err == OS_ERR_NONE)
    {
        flags = OSFlagPendGetFlagsRdy();
        printf("0x%x\r\n",flags);
        LED2 =0;
        OSTimeDly(100);
        LED2 =1;
        OSTimeDly(100);
    }
}
```

18.4 软件定时器

μC/OS-II 软件定时器定义了一个单独的计数器 OSTmrTime，用于软件定时器的计时，μC/OS-II 并不在 OSTimTick 中进行软件定时器的到时判断与处理，而是创建了一个高于应用程序中所有其他任务优先级的定时器管理任务 OSTmr_Task，在这个任务中进行定时器的到时判断和处理。时钟节拍函数通过信号量给这个高优先级任务发信号。这种方法缩短了中断服务程序的执行时间，但也使得定时器到时处理函数的响应受到中断退出时恢复现场和任务切换的影响。软件定时器功能实现代码存放在 tmr. c 文件中，移植时只需要在 os_cfg. h 文件中使能定时器和设定定时器的相关参数。

μC/OS-II 中软件定时器的实现方法是，将定时器按定时时间分组，使得每次时钟节拍到来时只对部分定时器进行比较操作，缩短了每次处理的时间。但这就需要动态地维护一个定时器组。定时器组的维护只是在每次定时器到时时才发生，而且定时器从组中移除和再插入操作不需要排序。这是一种比较高效的算法，减少了维护所需的操作时间。

相关的 API 函数：

OSTmrCreate()创建软件定时器。

OSTmrDel()删除软件定时器。

OSTmrNameGet()获取软件定时器名称。

OSTmrRemainGet()获取剩余时间。

OSTmrSignal()更新计时器。

OSTmrStart()开始计时。

OSTmrStateGet()获取定时器当前状态。

OSTmrStop()停止计时。

```
OS_TMR * time1;
//回调函数
void time1_Callback(void * ptmr, void * callback_arg)
{
    LED2 = ! LED2;
}

void start_task(void * pdata)
{
    INT8U i,err;
    OS_STK_DATAstk_data;
    pdata = pdata;                      //防止优化
    OSStatInit();                       //统计任务初始化

    time1 = OSTmrCreate(10,10,OS_TMR_OPT_PERIODIC,time1_Callback,NULL,(INT8U * )"
TIME1",&err);
    if(time1 == NULL)
    {
        LED4 = 0;
    }
    OSTmrStart(time1,&err);
    while(1)
    {

        for(i = 0;i < 2;i ++)
        {
```

```
            LED1 = ! LED1;
            OSTimeDly(100);
        }
    }
}
```

18.5 内存管理

在标准 C 中可以用 malloc( )和 free( )两个函数动态地分配内存和释放内存。但是，在嵌入式实时操作系统中，多次这样做会把原来很大的一块连续内存区域，逐渐地分割成许多非常小而且彼此又不相邻的内存区域，也就是内存碎片。由于这些碎片的大量存在，使得程序到后来连非常小的内存也分配不到。另外，由于内存管理算法的原因，malloc( )和 free( )函数执行时间是不确定的。

在 μC/OS - II 中，操作系统把连续的大块内存按分区来管理。每个分区中包含有整数个大小相同的内存块。利用这种机制，μC/OS - II 对 malloc( )和 free( )函数进行了改进，使得它们可以分配和释放固定大小的内存块。这样一来，malloc( )和 free( )函数的执行时间也是固定的了。

相关的 API 函数：

OSMemCreate( )建立并初始化一块内存区。

OSMemGet( )从内存区分配一个内存块。

OSMemNameGet( )获取存储分区名称。

OSMemNameSet( )设置存储分区名称。

OSMemPut( )释放一个内存块，内存块必须释放回原先申请的内存区。

OSMemQuery( )得到内存区的信息。

```
//建立内存区
OS_MEM *CommMem;
INT32U CommBuf[16][32];
void main(void)
{
    INT8U err;
    OSInit(); /* Initialize μC/OS - II */
    …
    CommMem = OSMemCreate(&CommBuf[0][0], 16, 32 * sizeof(INT32U), &err);
    …
    OSStart(); /* Start Multitasking */
}
//****************************************************************
//申请内存
OS_MEM *CommMem;
```

```
void Task(void *p_arg)
{
    INT8U *pmsg;
    (void)p_arg;
    while(1)
    {
        pmsg = OSMemGet(CommMem, &err);                    //申请内存
        if(pmsg != (INT8U *)0)
        {
        /* 内存申请成功 */
        }
    ...
    err = OSMemPut(CommMem,(void *)CommMsg);        //释放内存块
    if(err == OS_ERR_NONE)
    {
        /* 内存块释放成功 */
    }
    }
}
```

18.6 临界区处理宏

代码的临界段也称为临界区，指处理时不可分割的代码。一旦这部分代码开始执行，则不允许任何中断打入。为确保临界段代码的执行，在进入临界段之前要关中断，而临界段代码执行完以后要立即开中断。从代码的角度上来看，处在关中断和开中断之间的代码段就是临界段。

OS_ENTER_CRITICAL()进入临界区，禁止被中断打断。

OS_EXIT_CRITICAL()退出临界区，允许被中断打断。

18.7 其他函数

OSInit()初始化 μC/OS－II 内核相关函数。

OSStart()启动多个任务并开始调度。

OSIntEnter()中断函数正在执行。

OSIntExit()中断函数已经完成（脱离中断）。

OSSchedLock()给调度器上锁，禁止调度。

OSSchedUnlock()给调度器解锁，允许调度。

OSVersion()获得内核版本号。

OSSafetyCriticalStart()表示所有的初始化工作已经完成，并且内核对象不再允许被创建（如任务、邮箱、信号量等）。

第19章 项目实战

19.1 项目管理知识

1. 项目管理定义、特点

项目定义：项目是为完成某一独特的产品和服务所做的一次性努力。

项目特点：一次性——项目有明确的开始时间和结束时间。当项目目标已经实现，或项目目标不能实现而被终止时，就意味着项目的结束。独特性——项目所创造的产品或服务与已有的相似产品或服务相比较，在某些方面有明显的差别。项目要完成的是以前未曾做过的工作，所以它是独特的。

2. 项目三要素：时间、质量、成本

项目三要素相互影响、相互制约，如图 19.1 所示。

3. 项目执行过程

项目执行过程如图 19.2 所示。

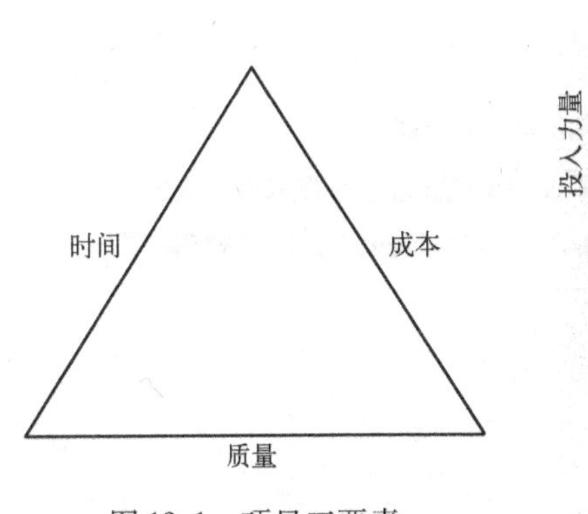

图 19.1　项目三要素

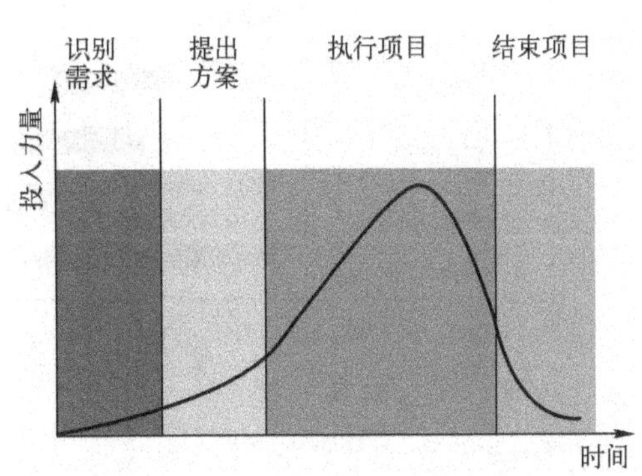

图 19.2　项目执行过程

项目开始到结束需要识别需求、提出方案、执行项目、结束项目四个阶段。

项目生命期特征如下：

（1）在项目开始时费用和人员投入水平较低，随着项目的进展逐渐增加，在项目收尾时又迅速降低。

（2）在项目开始时，成功完成项目的概率是低的，风险和不确定性也最高。随着项目的进展，完成项目的概率通常会逐步提高。

（3）项目干系人影响项目费用和项目产品最终特性的能力最高，随着项目的进展通常会逐步降低（变更和错误纠正的成本逐步增加）。

4. 项目工作分解表 – WBS

工作分解表包括：工作包的内容、工作周期、所需资源、质量标准、责任人，如图 19.3 所示。

工作包	工作周期	所需资源	质量标准	责任人
项目计划书编制、项目控制	40			张三
硬件设计	40			李四
软件设计	40			王五
样机测试	20			正龙
资料管理	10			刘芳

图 19.3　工作分解表

5. 项目进度表 – 甘特图（Gantt Chart）

工作进度表如图 19.4 所示。项目进度表包括：总项目的开始时间、结束时间、也包括项目工作的开始时间，截止时间。

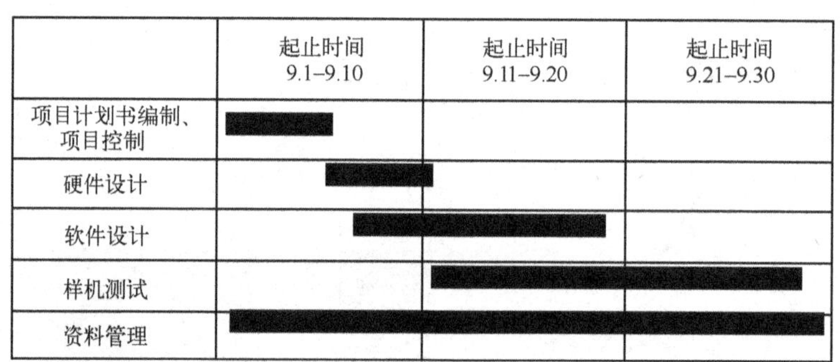

图 19.4　工作进度表

6. 项目评估标准

- 用户指定 Customer Specified；
- 行业标准（国内级别，国际级别）Standard in Same Industry（National Class & International Class）；

- 特殊标准（特需项目）Special Standard（Special Required Project）；
- 同类产品标准（技术含量）Standard in Same Products（ Technical Qualification）。

19.2 C语言编程规范

19.2.1 编程总原则

编程首要考虑程序的可行性，然后是可读性、可移植性、健壮性，以及可测试性，这是总则。但是很多人忽略了可读性、可移植性和健壮性（可调试的方法可能各不相同），是不对的。

（1）当项目比较大时，最好分模块编程，一个模块一个程序，很方便修改，也便于重用和便于阅读。

（2）每个文件的开头应该写明属于哪个项目里的哪个模块，是在什么编译环境下编译的，编程者/修改者和编程日期。值得注意的是一定不要忘了编程日期，因为以后再看文件时，会知道是什么时候编写的，有些什么功能，并且可能知道类似模块之间的差异（有时同一模块所用的资源不同，和单片机相连的方法也不同，或者只是在原有的模块上加以改进）。

（3）一个C源文件配置一个h头文件或者整个项目的C文件配置一个h头文件，一般采用整个项目的C文件配置一个h头文件的方法，并且使用#ifndef/#define/#endif的宏来防止重复定义，方便各模块之间相互调用。

（4）一些常量（如圆周率PI）或者常需要在调试时修改的参数最好用#define定义，但要注意宏定义只是简单的替换，因此有些括号不可少。

（5）不要轻易调用某些库函数，因为有些库函数代码很长。

（6）书写代码时要注意括号对齐，固定缩进，一个{}各占一行，采用缩进4个字符还是比较合适的，if/for/while/do等语句各占一行，执行语句不得紧跟其后，无论执行语句多少都要加{}，千万不要写成如下格式：

```
for(i=0;i<100;i++){fun1();fun2();}
for(i=0;i<100;i++){
  fun1();
  fun2();
}
```

而应该写成：

```
for(i=0;i<100;i++)
{
  fun1();
  fun2();
}
```

（7）一行只实现一个功能，比如：

```
a = 2;b = 3;宜改成：
a = 2;
b = 3;
```

（8）重要难懂的代码要写注释，每个函数要写注释，每个全局变量要写注释，一些局部变量也要写注释。注释写在代码的上方或者右方，千万不要写在下方。

（9）对各运算符的优先级要有所了解，记不得没关系，加括号就可以，千万不要自作聪明说自己记得很牢。

（10）不管有没有无效分支，switch 函数一定要 default 这个分支。一来让阅读者知道程序员并没有遗忘 default，并且防止程序运行过程中出现的意外（健壮性）。

（11）变量和函数的命名最好能做到望文生义。尽量不要命名 x,y,z,a,sdrf 等名字。

（12）如果函数的参数和返回值没有，最好使用 void。

（13）goto 语句：从汇编转型成 C 的人很喜欢用 goto，但 goto 是 C 语言的大忌，当然程序出错是程序员自己造成的，不是 goto 的过错；这里只推荐一种情况下使用 goto 语句，即从多层循环体中跳出。

（14）指针是 C 语言的精华，但是在 C51 中这里认为少用为妙，一来有时要花费多的空间，另外在对片外数据进行操作时会出错（可能是时序的问题）。

（15）一些常数和表格之类的应该放到 code 区中以节省 RAM。

（16）程序编完编译看有多少 code、多少 data，注意不要使堆栈为难。

（17）程序应该要尽可能方便测试，其实这与编程的思维有关；一般有三种：一种是自上而下先整体再局部；一种是自下而上先局部再整体；还有一种是结合两者往中间凑。较好的做法是先大概规划一下整体编程，然后各自模块独立编程，每个模块调试成功再拼凑在一块调试。如果程序不大，可以直接用一个文件直接编，如果程序很大，宜采用自上而下的方式，但更多的是处在中间的情况，宜采用自下而上或结合的方式。

以下是《模块》或《文件》注释内容：

```
////////////////////////////////////////////////////////////////////////////////
//公司名称:
//模 块 名:
//创 建 者:注意要加日期
//修 改 者:注意要加日期
//功能描述:
//其他说明:
//版   本:
////////////////////////////////////////////////////////////////////////////////
//以下是《函数》注释内容:
////////////////////////////////////////////////////////////////////////////////
//函 数 名:
//功能描述:
```

```
//函数说明:
//调用函数:
//全局变量:
//输      入:
//返      回:
//设 计 者:
//修 改 者:
//版      本:
//////////////////////////////////////////////////////////////////////////////////
```

19.2.2 编程举例

单片机C语言作为一门工具，最终的目的就是实现功能。在满足这个前提条件下，希望我们的程序能很容易地被他人读懂，或者能够很容易地读懂他人的程序，在团体合作开发中起到事半功倍的效果。下面提供几种方法供参考。

19.2.3 注释

注释一般采用中文。文件（模块）注释内容包括公司名称、版权、作者名称、修改时间、模块功能、背景介绍等，复杂的算法需要加上流程说明，比如:

```
/******************************************************************************/
/*公司名称:                                                                  */
/*模 块 名:停车场控制系统                  型号:TCC001                       */
/*创 建 人:zhangsan                        日期:2016-08-08                   */
/*修 改 人:lisi                            日期:2016-08-18                   */
/*功能描述:                                                                  */
/*其他说明:                                                                  */
/*版      本:                                                                */
/******************************************************************************/
函数开头的注释内容:
函数名称、功能、说明、输入、返回、函数描述、流程处理、全局变量、调用样例等,复杂的函数需要
加上变量用途说明。
/******************************************************************************
* 函 数 名: v_LcdInit
* 功能描述: LCD 初始化
* 函数说明: 初始化命令:0x3c, 0x08, 0x01, 0x06, 0x10, 0x0c
* 调用函数: v_Delaymsec(),v_LcdCmd()
* 全局变量:
* 输      入: 无
* 返      回: 无
* 设 计 者:zhao                           日期:2016-08-08
```

```
* 修 改 者:zhao                          日期:2016-08-18
* 版    本:
*************************************************************************/
```

程序中的注释内容：修改时间和作者、方便理解的注释等。注释内容应简炼、清楚、明了，一目了然的语句不加注释。

19.2.4 变量命名

命名必须具有一定的实际意义。

（1）常量的命名：全部用大写。

（2）变量的命名：变量名加前缀，前缀反映变量的数据类型，用小写，反映变量意义的第一个字母大写，其他小写。其中变量数据类型：

```
unsigned char   前缀 uc   signed char   前缀 sc
unsigned int    前缀 ui   signed int    前缀 si
unsigned long   前缀 ul   signed long   前缀 sl
bit             前缀 b    指针          前缀 p
```

（3）结构体命名

（4）函数的命名

函数名首字大写，若包含有两个单词的每个单词首字母大写。函数原型说明包括：引用外来函数及内部函数，外部引用必须在右侧注明函数来源：模块名及文件名、内部函数、只要注释其定义文件名。

19.2.5 编辑风格

（1）缩进

缩进以 Tab 为单位，一个 Tab 为四个空格大小。预处理语句、全局数据、函数原型、标题、附加说明、函数说明、标号等均顶格书写。语句块的“{”“}”配对对齐，并与其前一行对齐。

（2）空格

数据和函数在其类型，修饰名称之间适当空格并据情况对齐。关键字原则上空一格，如 if（…）等，运算符的空格规定如下：“->”、“[”、“]”、“++”、“--”、“~”、“!”、“+”、“-”（指正负号）、“&”（取址或引用）、“*”（指使用指针时）等几个运算符两边不空格（其中单目运算符系指与操作数相连的一边），其他运算符（包括大多数二目运算符和三目运算符“?:”两边均空一格，“(”、“)”运算符在其内侧空一格，在做函数定义时还可根据情况多空或不空格来对齐，但在函数实现时可以不用。“,”运算符只在其后空一格，须对齐时也可不空或多空格，对语句行后加的注释应用适当空格与语句隔开并尽可能对齐。

（3）对齐

原则上关系密切的行应对齐，对齐包括类型、修饰、名称、参数等各部分对齐。另外，每一行的长度不应超过屏幕太多，必要时适当换行，换行时尽可能在“，”处或运算符处，换行后最好以运算符打头，并且以下各行均以该语句首行缩进，但该语句仍以首行的缩进为准，即如其下一行为“{”应与首行对齐。

（4）空行

程序文件结构各部分之间空两行，若不必要也可只空一行，各函数实现之间一般空两行。

（5）修改

版本封存以后的修改一定要将老语句用/ ** / 封闭，不能自行删除或修改，并要在文件及函数的修改记录中加以记录。

（6）形参

在定义函数时，在函数名后面括号中直接进行形式参数说明，不再另行说明。

19.3 ARM 项目范例讲解

本节以 CANBUS 总线通信控制系统为例进行讲解。

1. 项目论证、可行性分析

一般来说，通过项目论证应该回答以下几个方面的问题：

（1）在技术上是否可行；

（2）在经济上是否有生命力；

（3）在财务上是否有利润；

（4）能否筹集到全部资金；

（5）需要多少资金；

（6）需要多长时间能建立起来；

（7）需要多少物力、人力资源。

概括起来，可以说有三个方面：一是工艺技术；二是市场需求；三是财务经济。市场是前提，技术是手段，核心问题是财务经济，即投资赢利问题。其他一切问题，包括复杂的技术工作、市场需要预测等都是围绕这个核心，并为此核心提供各种方案。

可行性分析是通过对项目的主要内容和配套条件，如市场需求、资源供应、建设规模、工艺路线、设备选型、环境影响、资金筹措、盈利能力等，从技术、经济、工程等方面进行调查研究和分析比较，并对项目建成以后可能取得的财务、经济效益及社会环境影响进行预测，从而提出该项目是否值得投资和如何进行建设的咨询意见，为项目决策提供依据的一种综合性的系统分析方法。可行性分析应具有预见性、公正性、可靠性、科学性的特点。

2. 项目计划书编制

1）项目概况

（1）项目名称：CANBUS 总线通信控制系统设计。

（2）项目周期：1 个月（2016 年 9 月 1 日开始，2016 年 9 月 30 日结束）。

（3）项目总投资：600000 元。

（4）项目交付物：

① 样机 1 ～ 3 套（包括功能、外观、产品稳定性、产品电气安全性、电磁兼容等要求）；

② 相关技术资料。

2）工作分解表 WBS 如图 19.3 所示。

3）项目进度表（甘特图 Gantt Chart）如图 19.4 所示。

3. 项目实施

实施步骤如下：

（1）原理图设计、PCB 设计及打样；
（2）软件设计；
（3）软、硬件调试；
（4）样机制作、样机测试；
（5）小批量生产、生产作业指导书编制；
（6）批量生产；
（7）设计修改、完善。

4. 技术资料整理、归档

技术资料整理相关如下：

（1）产品设计图纸，如开发板原理图、PCB 图、产品外壳图纸等；
（2）产品说明书；
（3）产品模块说明书；
（4）芯片手册；
（5）程序代码。

5. 项目评审

项目评审工作就是对项目计划执行情况，以及未来计划的新情况作一个评审，同时对项目的财务状况及其他情况进行总结。

另外，它可以为项目团队在处理项目风险时提供机会，以获得管理层的支持，同时也为项目团队继续开展项目工作提供在高层管理方面的认可。

项目的评审步骤指项目从选题或预立项开始，一直到获得批准并进入项目实施阶段之间的所有需要评审的过程，主要包括四个阶段：预立、调研、规划、重大事项评估等。

6. 项目结束

程序具体详见 CANBUS 总线通信控制系统程序范例。

第20章 KEIL集成开发环境介绍及应用

使用 KEIL 创建 ARM 工程文件的过程大体和创建 51 工程文件相似。

1. 新建工程

双击打开 KEIL，单击 Project－new uvision Project 新建工程，如图 20.1 所示，在文件名选项中输入工程名，一般工程名为英文或字母，注意没有后缀。保存工程名后弹出如图 20.2 所示界面，选择所用的芯片，然后单击 OK 按钮进入如图 20.3 所示界面。

在图 20.3 中单击“是”，将自动生成启动代码；如果选择“否”，须自己写启动代码。两种选择均可。

在这里选择“否”，因为 CMSIS 库里面自带启动代码，所以不使用 KEIL 软件的启动代码。

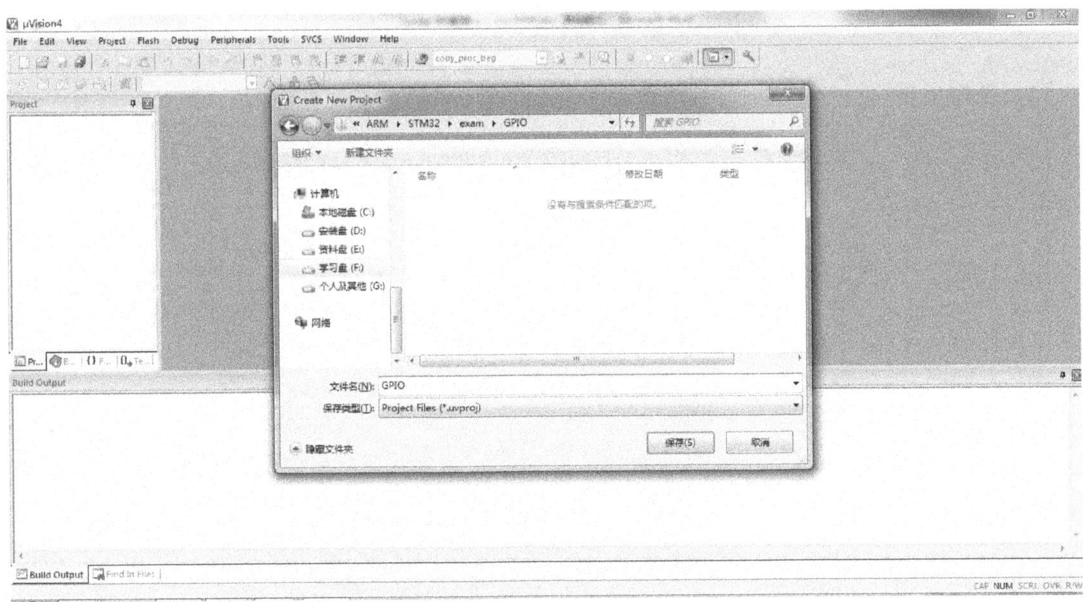

图 20.1　新建工程

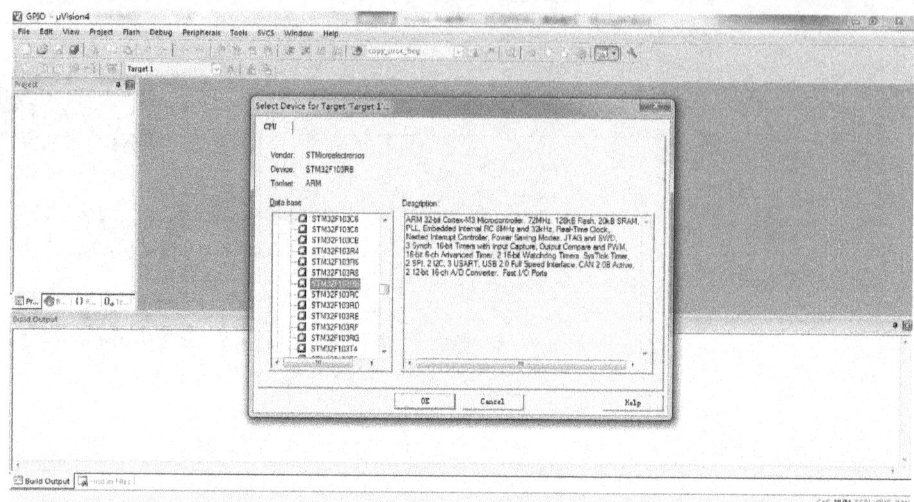

图 20.2　选择芯片

图 20.3　创建代码

2. 新建文件

单击 File - New 新建文件，如图 20.4 和图 20.5 所示，输入文件名并保存，注意文件名后缀为 . c。

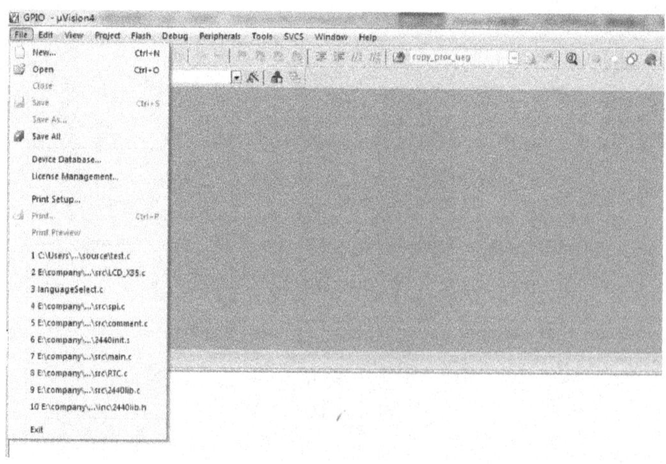

图 20.4　新建文件

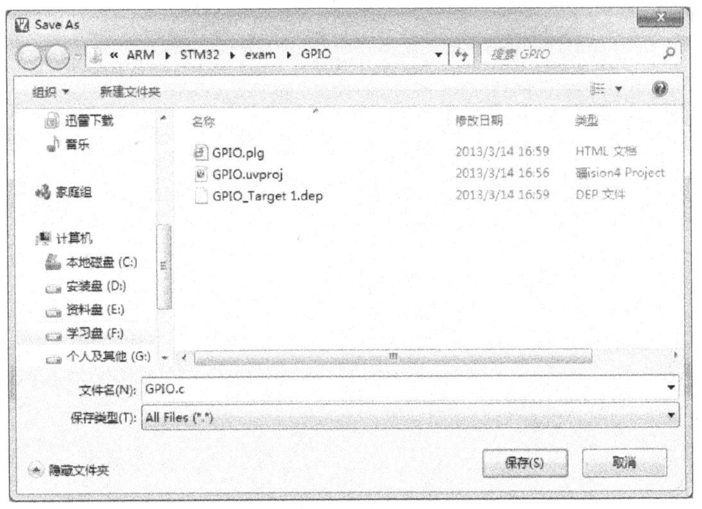

图 20.5　输入文件名

3. 添加文件到工程中

选中 Source Group1 单击右键（如图 20.6 和图 20.7 所示），进行文件添加。这样就可以在该 . C 文件中写程序了。

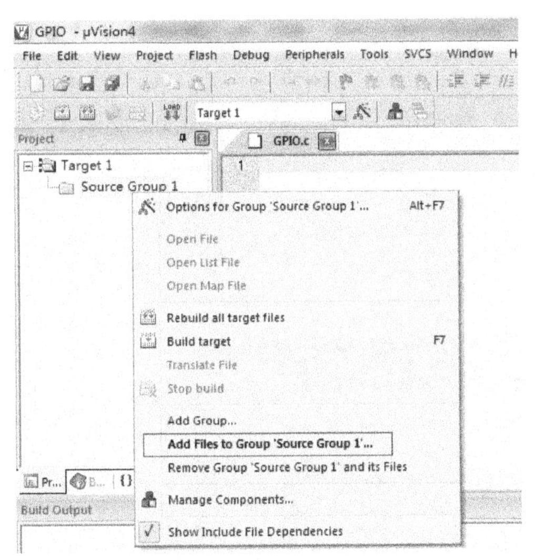

图 20.6　添加文件到工程中

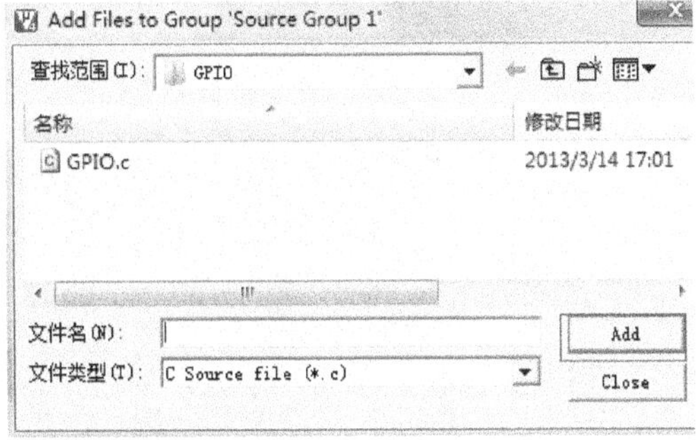

图 20.7　文件添加

4. 配置

右击 target1，然后选择第一项 option for…，如图 20.8 所示。

选择 Debug 项中的下拉箭头选择 Cortex – M/R J – LINK/J – Trace，如图 20.9 所示。

选择 Utilities 项中的下拉箭头选择 Cortex – M/R J – LINK/J – Trace，如图 20.10 所示，去掉该项后面的勾。

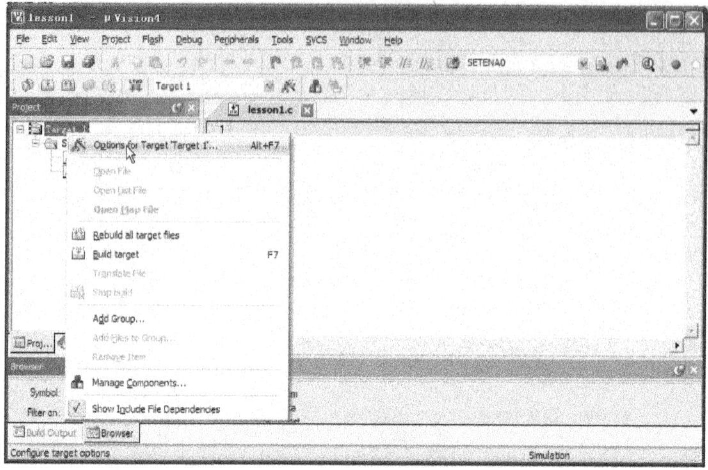

图 20.8　配置

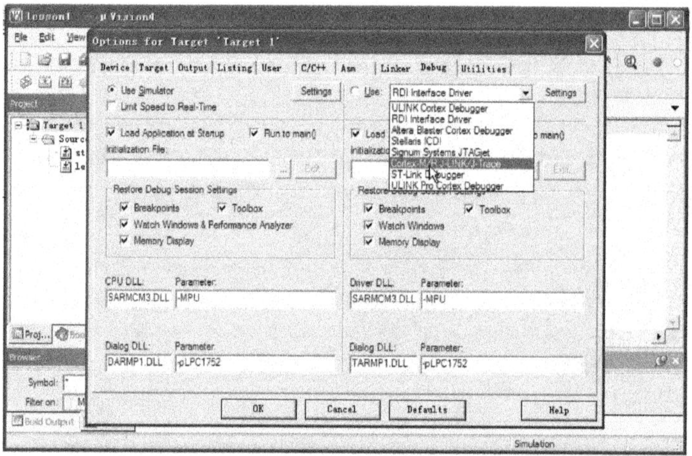

图 20.9

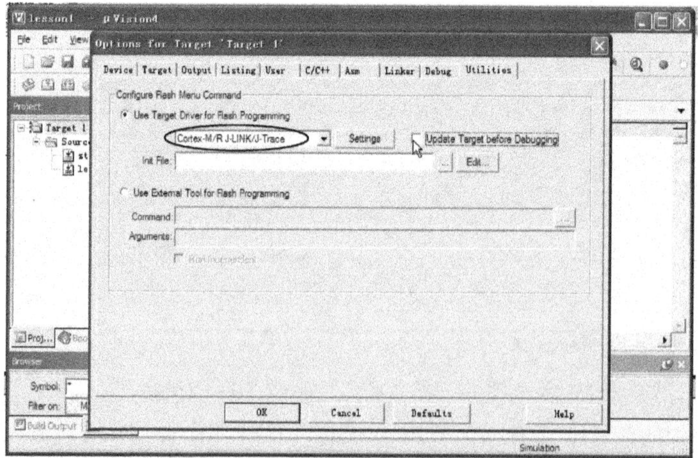

图 20.10

单击图 20.10 中的 setting 即弹出如图 20.11 所示的方框，选择 Add 即弹出 Add Flash 窗口，然后选择图中阴影所示的那项，最后单击 Add 即可。

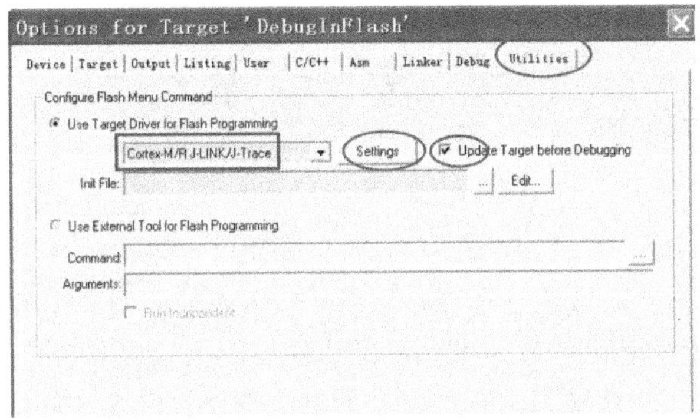

图 20.11　Add Flash 窗口

如果要片上调试，则需选择如图 20.12 所示的项。

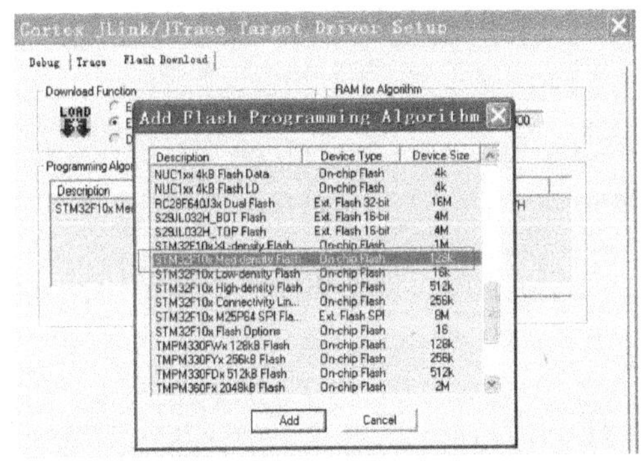

图 20.12　选择片上调试

5. 仿真和调试

选择如图 20.13 所示中用圆圈表示的选项，即可进入调试界面。

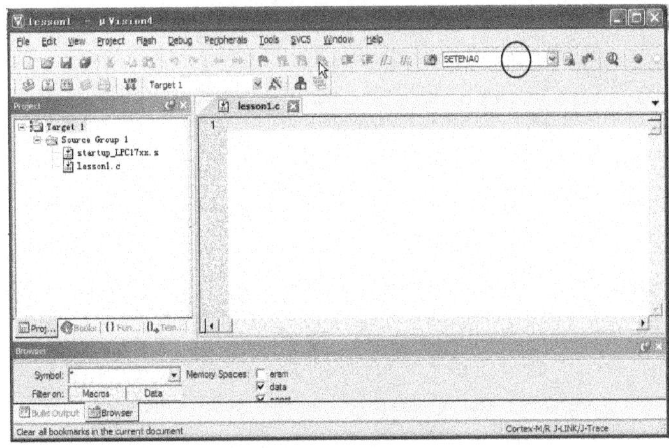

图 20.13　调试界面

参 考 文 献

[1] 意法半导体 . STM32 中文参考手册（第 10 版）［M］. 意法半导体（中国）投资公司，2010.

[2] 陈志旺 . STM32 嵌入式微控制器快速上手［M］. 北京：电子工业出版社，2012.

[3] 蒙博宇 . stm32 自学笔记［M］. 北京：北京航空航天大学出版社，2012.

[4] 肖广兵 . ARM 嵌入式开发实例——基于 STM32 的系统设计［M］. 北京：电子工业出版社，2013.

[5] 刘军 . 例说 STM32［M］. 北京：北京航空航天大学出版社，2011.

[6] 卢有亮 . 基于 STM32 的嵌入式系统原理与设计［M］. 北京：机械工业出版社，2014.

[7] Joseph Yiu. Cortex—M3 权威指南［M］. 宁岩，译 . 北京：北京航空航天大学出版社，2012.

举报电话：(010) 88254396；(010) 88258888
传　　真：(010) 88254397
E-mail：　dbqq@phei.com.cn
通信地址：北京市海淀区万寿路173信箱
　　　　　电子工业出版社总编办公室
邮　　编：100036